变电站防汛风险评估及能力提升

主　编　姚德贵　张万才　任宏昌

副主编　宴致涛　周　宁　赵　珩

　　　　黄小川　夏中原　李　哲

中国电力出版社
CHINA ELECTRIC POWER PRESS

内容提要

本书在介绍暴雨和洪涝灾害基本概念的基础上，结合变电站防汛管理工作实践，分析研究变电站从防洪规划设计到防汛（应急）管理、防汛能力提升、防汛应急处置全过程工作要点、应对措施和应急处置方案。对变电站防洪标准、总体规划设计与站址选择、场地标高设计等防汛规划设计相关要求进行梳理，对变电站防汛风险动、静评价方法和防汛风险预警进行了相关研究分析与实践应用，并在此基础上提出变电站防汛能力提升措施和应急处置流程。

本书可供从事变电站防汛管理、洪涝灾害应急处置、应急体系研究、变电站防汛能力评估技术研究等工作人员阅读使用。

图书在版编目（CIP）数据

变电站防汛风险评估及能力提升 / 姚德贵，张万才，任宏昌主编. —北京：中国电力出版社，2024.4
ISBN 978-7-5198-8829-9

Ⅰ. ① 变… Ⅱ. ① 姚… ② 张… ③ 任… Ⅲ. ① 变电所–防洪–研究 Ⅳ. ① TM63

中国国家版本馆 CIP 数据核字（2024）第 094786 号

审图号：GS 京（2024）1962 号

出版发行：中国电力出版社
地　　址：北京市东城区北京站西街 19 号（邮政编码 100005）
网　　址：http://www.cepp.sgcc.com.cn
责任编辑：陈　硕（010-63412532）
责任校对：黄　蓓　张晨荻
装帧设计：赵姗姗
责任印制：吴　迪

印　　刷：北京锦鸿盛世印刷科技有限公司
版　　次：2024 年 4 月第一版
印　　次：2024 年 4 月北京第一次印刷
开　　本：710 毫米×1000 毫米　16 开本
印　　张：8.75
字　　数：131 千字
定　　价：68.00 元

本书编写组

主　编	姚德贵	张万才	任宏昌	
副主编	宴致涛	周　宁	赵　珩	黄小川
	夏中原	李　哲		
编　写	卢　明	兰光宇	李予全	王　倩
	刘云龙	梁　允	王　超	王津宇
	靳双龙	柯佳颖	田杨阳	赵　健
	陈　岑	刘善峰	王　栋	刘泽辉
	杨　威	赵书杰	伍　川	刘光辉
	张世尧	陶亚光	苑司坤	高　阳
	李　帅	崔晶晶	王若洋	佟建炜
	侯元文	牛　垚	梁龙成	余彦杰
	文　凯	龚正国	李晓航	林茂盛
	魏　巍	刘柏源	张　皓	毛德超
	孟高军	焦凯菅	刘　真	李永强
	张魏盼	王会琳	张培忠	王常飞
	巩　锐	陈　琦	侯慧娟	

前　言

2021 年 7 月 17～23 日，受低涡气流缓慢移动影响，河南省出现了历史罕见的极端强降雨天气。此次特大暴雨过程具有持续时间长、累积雨量大、强降雨范围广、短时降雨极强、极端性突出等特点，造成国网河南省电力公司 45 座 35kV 及以上电压等级变电站因汛停运，停运设备之多，设备受损之重，均创河南电网历史之最。

变电站防汛是根据变电站现有条件，发挥主观能力，将自然、技术科学和变电站现状因素三者紧密相结合的巨大系统工程，建立科学有效的变电站防汛管理知识体系，为变电站防汛管理全过程提供科学的依据和应对措施，对变电站防汛能力提升和安全稳定运行具有重要的现实意义。国网河南省电力公司在认真分析、详细梳理、深入研究、仔细总结抗洪抢险宝贵经验的基础上，组织编写了本书。本书共分 6 章，第 1 章介绍了暴雨与洪涝灾害的基本概念，对暴雨和洪涝灾害的成因、灾害特征和成灾因素进行了分析，对洪水监测、预报预警与灾害评估方法进行了梳理；第 2 章主要对变电站防洪标准、总体规划设计与站址选择，以及变电站竖向设计等相关变电站防洪规划设计要点进行了总结；第 3 章主要介绍变电站防汛数据处理方法、制订防汛指标体系构建与量化规则、站内外防汛基础信息收集内容及其用途等，提出变电站防汛风险动、静态评价方法；第 4 章简要介绍暴雨监测和预报技术与装备，并在建立变电站防汛风险预测动态及静态模型的基础上，构建基于强降水预测结果的变电站防汛风险模型，依此提出了变电站汛情预警规则；第 5 章、第 6 章在变电站风险评价与预警的基础上，结合变电站防汛管理工作实践，制订强化防汛隐患排查治理和风险管控、阻排水能力提升等一系列变电站防汛能力提升措施，汛前准备、应急响应和抢修恢复全过程防汛应急处置方案，并对"河南电网气象预警系统"进行了介绍。

本书在编写过程中引用了大量国内外相关研究成果，在此表示感谢。限于编写时间和作者的学识，书中难免有不妥之处，敬请业内同行专家和广大读者批评指正。

编　者

2024 年 3 月

目 录

前言

第1章　洪涝灾害预测预警 ···1

　1.1　暴雨 ···1

　1.2　洪涝灾害 ·· 9

第2章　变电站防洪规划设计 ·································19

　2.1　变电站分类 ··19

　2.2　变电设施防洪标准 ······································ 20

　2.3　变电站总体规划设计与站址选择 ············· 22

　2.4　变电站竖向设计 ·· 23

　2.5　变电站场地标高设计 ·································· 25

第3章　变电站防汛风险评估 ·································26

　3.1　变电站防汛数据处理 ·································· 26

　3.2　指标体系构建及量化 ·································· 32

　3.3　变电站防汛基础信息收集 ·························· 37

　3.4　变电站防汛风险评估 ·································· 40

第4章　变电站防汛风险预警 ·································50

　4.1　暴雨监测和预报 ·· 50

4.2　降水量测量方法 ··· 55

4.3　基于强降水预测结果的变电站防汛风险预测 ······················ 58

4.4　汛情预警规则 ··· 62

第 5 章　变电站防汛能力提升措施 ····························· 69

5.1　强化防汛隐患排查治理和风险管控 ····························· 69

5.2　阻水能力提升 ··· 70

5.3　排水能力提升 ··· 71

5.4　案例介绍 ··· 75

5.5　防汛业务系统介绍 ··· 88

第 6 章　变电站防汛应急处置 ································· 99

6.1　汛前准备 ··· 99

6.2　应急响应 ·· 123

6.3　抢修恢复 ·· 126

第 1 章

洪涝灾害预测预警

本章介绍暴雨基本知识，对暴雨灾害特征和暴雨成灾因素进行分析，介绍目前有关暴雨的监测、预报与预警方法。在此基础上，对暴雨洪涝灾害类型和成因进行综述，进一步介绍洪水的监测、预报预警和灾害评估基本方法。

1.1 暴　　雨

暴雨等级按照 24 小时降水量可划分为暴雨、大暴雨和特大暴雨（见表 1-1）。实际中，按照降雨发生和影响范围的大小可划分为，局地暴雨区域性暴雨、大范围暴雨、特大范围暴雨。局地暴雨历时仅几个小时或几十小时，一般会影响几十至几千平方千米的范围；大范围暴雨一般可持续 3~7 天，影响范围可达 10~20 万 km²，甚至更大；特大范围暴雨历时最长，一般都是多个地区连续多次的暴雨组合，降雨可断断续续地持续 1~3 个月，雨带长时期维持。

表 1-1　　　　　　　　按降水量的暴雨等级划分

等级	暴雨	大暴雨	特大暴雨
降水量（mm）	≥50	≥100mm	降水量≥250

雨季是我国暴雨发生的主要时期，我国东部地区在东亚季风的影响下，有季节性大雨带维持并推进，西部地区也具有显著的干季和雨季。在区域雨季期内，形成了独特的区域性暴雨，各自具有显著的特点。总的来说，我国区域性暴雨包括华南前汛期暴雨、江淮梅雨期暴雨、北方盛夏期暴雨、华南

后汛期暴雨、华西秋雨季暴雨和西北暴雨等。

1.1.1　我国雨季与降水分布

我国地形复杂，气候多样，各地的年总降水量分布极不均匀，总体东多西少，沿海多于内陆。东南沿海地区年总降水量可达 2000mm 以上，而西北地区普遍在 200mm 以下。

所谓雨季，就是指降水集中的时期，因而夏季是我国最主要的雨季发生时期。全国大部分地区的年降水表现为单峰型分布，峰值出现在夏季；但华南地区、长江中下游和华西地区的年降水量表现出了多峰型分布，除夏季外，春季和秋季的降水也非常显著，在不同地区造成了雨季的持续。

降雨特指在大气中冷凝的水汽以雨水的形式降落到地面的天气现象，按空气上升的原因，分为锋面雨、地形雨、对流雨和台风雨四种类型。

有关降水的基本术语如下：

（1）降水量。为一定时间内降落在某一面积上的总降水量，以 mm 计。

（2）降水历时。为一次降水所持续的总时间，以 h 或 d 计。

（3）降水强度。为单位时间内的降水量，以 mm/h 或 mm/d 计。

（4）降水面积。为降水笼罩的水平面积，以 km^2 计。

（5）降水中心。为降水量集中且范围较小的地区。

1.1.2　暴雨成因与分布特征

1. 暴雨发生的基本条件

暴雨一般发生在中小尺度天气系统中，其时间尺度从几十分钟到十几小时，空间尺度从几千米到几百千米，而形成暴雨的中小尺度天气系统又是处于天气尺度系统内，两者通常有着密切的关系。降水的形成和强度主要与水汽分布和供应、上升运动、层结稳定度和中尺度不稳定性、风的垂直切变、地形、云的微物理过程这六个条件密切相关。

为了使暴雨得以发生、发展和维持，必须有丰富的水汽供应，经过计算发现仅依靠降水区气柱内所含水分是不够的，即使气柱中所含的水汽全部降下也只能达到 50~70mm 的降水量。但是暴雨的降水量，尤其是大暴雨或特大暴雨的降水量，每小时可达 100mm，因而必须有外界水汽向暴雨区迅速地集中和不断地供应。

降水发生在空气的上升运动区，地面或低层的空气只有通过抬升才能达到饱和，从而产生凝结，降落下来成为降水。大气上升运动对降水强度的重要性取决于它的量值，而降水强度又与大气上升运动所处的天气系统的尺度有关。

对流性暴雨是一种热对流现象。大气中有两种类型的对流：垂直对流和倾斜对流。它们形成的暴雨系统形态有明显的差别。垂直对流多形成暴雨雨团、强风暴单体、中尺度对流复合体（MCC）、中尺度对流系统（MCS）等。倾斜对流主要形成与锋区有关的对流雨带。垂直对流和倾斜对流在物理条件上不完全相同，垂直对流主要依靠大气的层结稳定度，倾斜对流除层结稳定度条件外，还必须考虑中尺度不稳定性条件。

强风暴也是引起暴雨，尤其是突发性暴雨的主要天气系统。对于暴雨的发展，环境风的垂直切变比强风暴要弱得多，它一般是发生在中等或较弱的风切变环境中。另外，在暴雨中垂直切变不能太大，在积云中如果垂直切变很大，对流层上部风速甚强，大量的水滴会随风吹走，不利于形成暴雨。

暴雨与地形有密切关系。夏季，我国各地大到暴雨日频数分布和雨量分布都受到不同尺度的地形影响。地形对暴雨的作用主要有三方面：

（1）地形对过山的气流有动力抬升和辐合作用。一些特殊的地形，如喇叭口状地形对气流有明显的辐合作用，使气流在这汇合，从而形成强迫抬升，这种作用也可增强暴雨。

（2）地形对中小尺度天气系统的影响。地形在一定的气流或条件下会生成中小尺度涡旋或切变线。当这种系统移出或加强时，可以造成暴雨。另外，在山区，在一定气流条件下常常产生静止的中尺度辐合区，当有中小尺度天气系统移到山区，时常可导致这些系统有强烈的发展或组织成强烈的风暴，从而造成更恶劣的天气。

（3）地形能通过播撒作用影响中小尺度天气系统内的造雨过程。这种作用也称为地形对降水的增幅作用。

由于地形和不同尺度天气系统或云系之间的相互作用，可以形成自然的播撒过程，从而使降水增强，形成暴雨。例如，积雨云对层状云的播撒过程及其引起降水的增幅作用等云的微物理过程也是暴雨形成及增强机制的条件之一。

2. 暴雨发生的物理条件

持久性暴雨（24 小时以上）的出现要求有使暴雨持续的机制存在。24 小时内降水量为 200～300mm 的暴雨多数是由几个中尺度暴雨系统组成的，每个中尺度系统中包含有几个小尺度的积雨云单体、单体群和超级单体。某地区能接二连三地有中尺度扰动生成，或者使某个中尺度系统在该区域内维持很久而不消亡，与该地区大尺度风场、湿度场和层结稳定度情况有关。概括起来有四个方面，即大形势稳定，大范围、持续的水汽输送与辐合，对流不稳定能量的释放和重建，季节内低频振荡作用。

突发性暴雨是在短时间内（几十分钟到几小时）在某一局部地区突然发生的很强的集中性暴雨事件。由于它的特点是暴雨的雨强很大且地区集中，因此主要由强对流系统（如积雨云单体或中尺度对流系统）造成。除此之外，强烈的突发性暴雨还需要具备下述一个或几个条件才能形成：① 在有利的天气尺度条件下，如下层有强暖湿空气供应，有数个积雨云团依次发生，且迅速地向同一地点集中、合并，能产生很强的雨强和雨峰；② 发展的积雨云团在较稳定的天气尺度突发性暴雨系统气流作用下，依次沿同一路径和同一方向移动过同一地区，每个积雨云团都具有强降水和雨峰，并表现为带状降雨区，可以在突发事件内观测到多次雨峰出现；③ 大气层具有很强的不稳定性，且具有使不稳定释放的触发机制；④ 在地形的影响或阻挡下，移入的移动性积雨云团或雨带变成停滞性，并由于地形的增幅作用使雨量迅速增大，形成很强的雨峰。

1.1.3 暴雨灾害特征与成灾因素

1. 暴雨灾害特征

暴雨灾害的种类主要有流域性或区域性洪涝、城市内涝以及暴雨引发的地质灾害等。大范围持续性暴雨，容易引发流域性或区域性洪涝；在全球气候变暖的大背景下，极端事件趋多趋强，局地性极端暴雨灾害频发多发，频频出现"城市看海"的景象，山区易引发山洪、滑坡、泥石流等次生灾害。

暴雨灾害的发生具有季节性，与暴雨的分布特征类似。就地域而言，暴雨灾害也有着明显的区域性特征。我国暴雨灾害主要发生在第二阶梯和第三阶梯。第一阶梯为青藏高原，基本上很少出现暴雨，因而暴雨灾害发生的机会很少。第二阶梯有高原、山地和盆地，其东侧也是我国的重要暴雨带，由于地形地貌等原因，暴雨多会引发山洪、泥石流和滑坡等灾害，尤其是在西南地区和西北地区东南部都是地质灾害多发重发区。第三阶梯为平原、丘陵和低山，多河流分布，我国的大暴雨大多分布在此，也是暴雨洪涝灾害最为频发的区域。

自 20 世纪 90 年代以来，随着经济的快速发展，暴雨灾害造成的直接经济损失也有增加趋势（见图 1-1），但相对损失（即直接经济损失占当年国内生产总值的比重）显著下降（见图 1-2）。就死亡人数而言，在 1998 年以前呈上升趋势，随后呈下降趋势，总体来说从 20 世纪 90 年代以来暴雨灾害造成的人员伤亡呈减少趋势（见图 1-3）。这一方面反映出我国防灾减灾能力提高；另一方面由于流域性洪水减少，难以造成大范围的经济损失和人员伤亡。

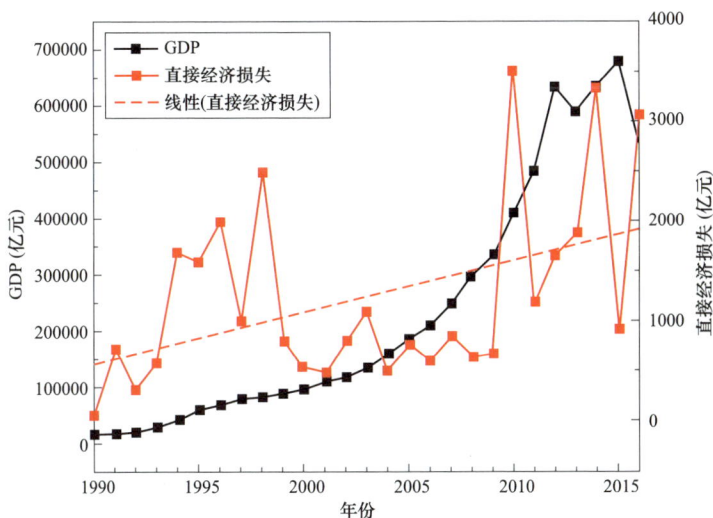

图 1-1　暴雨灾害直接经济损失和国内生产总值（GDP）变化

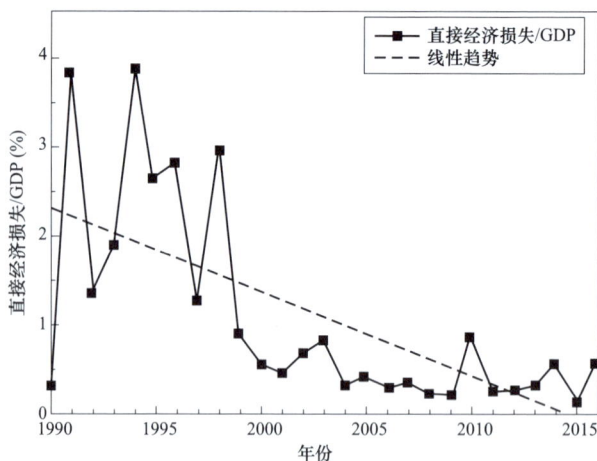

图 1-2　暴雨灾害相对经济损失（直接经济损失/GDP）变化

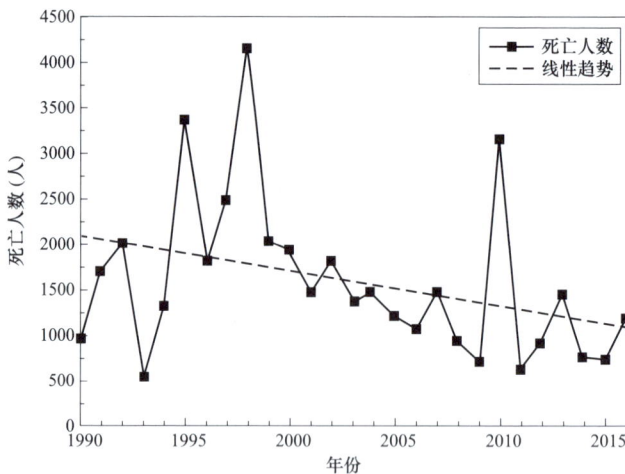

图 1-3　暴雨灾害死亡人数变化

2. 暴雨成灾因素

天气和气候因素是引发暴雨的直接原因，暴雨的发生主要是受到大气环流、天气、气候系统的影响，是一种自然现象。当暴雨发生后，地理环境成为影响暴雨洪水灾害发生的重要因素。暴雨洪水对社会的生产、生活是否造成灾害，则取决于社会经济、人口、防灾减灾能力等诸多因素，因而暴雨洪水灾害的发生不仅有其自然原因，且受社会和人为因素的影响。

地理环境包括降雨区的地形、地貌、地理位置和江河分布等，及在其影响下的流域的产流、汇流特点，洪水的组成与遭遇，对洪灾的形成有着直接的影响。我国幅员辽阔，地形复杂，既有高原和大山，也有平原、盆地和丘陵，不同的地形对暴雨形成灾害的影响是不同的。

就人为因素而言，人类活动对气象、下垫面条件的改变，则可能影响洪水灾害或增加洪灾的危害程度。人类活动对暴雨洪涝灾害的影响主要表现为：破坏森林植被，引发水土流失；围湖造田，影响蓄洪能力；侵占河道，导致洪水下泄不畅，很容易形成堤坝决口等而引发洪水；防洪设施标准偏低，一旦遭遇历史罕见洪水发生，则易酿成大水灾；大中城市过量抽取地下水，引起地面沉降，加剧了城市洪涝险情。

就暴雨及洪涝灾害造成的损失方面来讲，在人烟稀少的荒漠地区，尽管洪水泛滥，但没有造成巨大经济损失的条件；而随着经济发展，单位土地面积的人口和财产数量的增加，造成的损失逐渐加大，如在沿海及江河沿岸经济发达地区、城市等人群聚居区的地方发生洪涝灾害，可能造成人员伤亡和巨大的经济损失。

总的来说，特殊的地理气候条件和复杂的地形地质条件、独有的地貌特征、密集的人口分布和人类活动的影响，为洪涝提供了复杂的孕灾环境。

1.1.4 暴雨监测、预报与预警

1. 暴雨监测

暴雨监测是暴雨洪水预报的基础，其过程降水总量、24小时降水量，甚至6小时、1小时降水量的大小都备受关注。我国目前最基本手段是气象站、水文站和全国2万多个雨量站。由于站点的空间分布不均匀，且不具备时空连续性，在很大程度上影响了监测信息的完备性，因而对暴雨实况的监测具有一定的局限性。随着科学技术的迅猛发展，大气监测手段呈现出多样化的趋势，建立起了包括地基、天基和空基在内的气象探测网络，使观测数据的时空覆盖率大大增加，实时性显著提高，从而使得对暴雨的监测能力得到了很大改善。经过几十年的努力，人类观测地球系统的能力大大提高，除了常规的地面和探空观测，雷达、气象卫星、GPS 等观测技术使得现在的大部分观测都能在任何时间和任何地点进行。

在暴雨等灾害性天气的监测活动中，探测仪器和探测技术固然重要，但计算机与网络系统作为数据处理和传输，以及产品制作的物理基础，也是必不可少的一环。计算机与网络系统的主要功能是从探测系统收集探测数据，从预报和预测系统收集预警产品；对气象数据进行必要的转换、质量检验；将其通过信息网络系统发送到各类用户以供使用；为天气系统的各个模式运算提供充足的运算资源等，即收集、储存、运算和传输。

2. 暴雨预报

暴雨预报是雨季或汛期天气预报中最常预报和发布的内容之一，但又是最复杂、最困难的预报项目之一。其主要原因有两方面：首先从发生到维持的原因看，暴雨是时、空多尺度系统相互作用的结果，不在一定的空间和时间范围内对暴雨有关的各方面条件和资料进行全面和综合的分析很难得出正确的预报；其次是从观测系统上，目前它所提供的有关暴雨观测资料并不充分，甚至十分缺乏。目前天气预报已进入数值预报的时代，普遍的认识是为了提高天气预报的准确率，最根本的途径首先是要提高数值预报的能力，暴雨预报也不例外。但实践表明，暴雨预报仅依靠数值预报相当困难，尤其是对突发性和持续性暴雨的预报，无论在时间上、地点上以及量值上都很难达到社会和公众的需求。这表明暴雨预报并不能完全依赖数值预报，而同时必须发挥预报员的作用。也就是说，数值预报加预报员订正的半理论、半经验方法是天气预报也是暴雨中、短期预报在未来相当长一段时期内的主要预报方法。尽管如此，当前数值天气预报仍然是暴雨预报的主要依据。

暴雨的 0～12 小时预报称为超短时预报，对于更短的几小时预报称为临近预报。根据国内外一些部门较客观的验证，超短时预报已初步取得了效果，但是预报的水平还不高，对于不少突发性、局地的强烈天气或暴雨几乎难以预报。

3. 暴雨预警信号等级

对于灾害性事件，及时准确地进行预警，才能及时采取防御措施，减少损失。在整个气象灾害的应急服务系统中，灾害预警信号的发布是基本而关键的一环。为了规范气象灾害预警信号发布与传播，防御和减轻气象灾害，保护国家和人民生命财产安全，中国气象局制订了《气象灾害预警信号发布与传播办法》。在《办法》中规定，预警信号由名称、图标、标准和防御指南组成。预警信号的级别依据气象灾害可能造成的危害程度、紧急程度和发展态势一般划分为4级：Ⅳ级（一般）、Ⅲ级（较重）、Ⅱ级（严重）、Ⅰ级（特别严重），依次用蓝色、黄色、橙色和红色表示，同时以中英文标志。根据我国气象局制订的《气象灾害预警信号及防御指南》，暴雨预警信号分为4级，分别以蓝色、黄色、橙色和红色表示，预警信号等级标准及图标见表1-2。

表1-2　　　　　　　　　　　　暴雨预警信号等级及图标

预警信号等级	标准	图标
蓝色预警	12小时内降水量将达50mm以上，或者已达50mm以上且降雨可能持续	
黄色预警	6小时内降水量将达50mm以上，或者已达50mm以上且降雨可能持续	
橙色预警	3小时内降水量将达50mm以上，或者已达50mm以上且降雨可能持续	
红色预警	3小时内降水量将达100mm以上，或者已达100mm以上且降雨可能持续	

1.2　洪　涝　灾　害

1.2.1　洪水分类

洪水是由于暴雨、融雪、融冰等引起河川、湖泊及海洋在较短时间内流量急剧增加、水位明显上升的一种水流自然现象。洪水形成特征主要取决于所在流域的气候与下垫面情况等自然地理条件，此外人类活动对洪水的形成过程也有一定的影响。洪水的发生是每条河流的自然现象，它具有两面性：一方面，当洪水超过一定的限度，给人类正常的生活、生产活动带来损失与祸患；另一方面，洪水也有有益的一面，如补充地下水源、冲刷河道、改良土壤、维持湖沼、为鱼类提供大量繁殖温床等。

1. 按洪水发生的规模分类

我国七大江河流域为：松花江流域、辽河流域、海河流域、黄河流域、淮河流域、长江流域、太湖流域和珠江流域。按洪水发生的规模不同，可分为跨流域洪水、流域性洪水、区域性洪水和局部性洪水。

（1）跨流域洪水。一般指相邻流域多个河流水系内，降雨范围广、持续时间长，主要干支流均发生的不同量级的洪水。

（2）流域性洪水。一般指本流域内降雨范围广、持续时间长，主要干支流均发生的不同量级的洪水。

（3）区域性洪水。一般指降雨范围较广，持续时间较长，致使部分干支流发生的较大量级的洪水。

（4）局部性洪水。一般指局部地区发生的短历时强降雨过程而形成的洪水。

2. 按洪水的成因分类

按洪水的成因不同，通常可分为暴雨洪水、山洪泥石流、冰凌洪水、融雪（融冰）洪水、风暴潮洪水和溃坝（堤）洪水等不同类型。另外还有混合型洪水，如降雨与融雪叠加形成雨雪混合型洪水、融冰与融雪叠加形成冰雪混合型洪水等。在我国，虽然上述各类型洪水均有发生，但暴雨洪水发生最为频繁、量级最大、影响范围最广。

（1）暴雨洪水。暴雨洪水是由降雨形成的洪水，简称雨洪，是我国可能发生的各类洪水中最主要、最常见的洪水。暴雨洪水的规模和特征，主要由降雨的各种因素决定，同时也受其他因素的影响。如果暴雨发生在山区，就会产生山洪、泥石流；出现在平原洼地，就会形成雨涝；出现在黄土高原、滥垦滥伐和水土流失严重地区，产生洪水的含沙量就会很大。一般来说，降水量越大、强度越高、范围越广、历时越长，所形成的暴雨洪水自然会洪峰高、总量大、历时长。如果暴雨中心位置沿着大江大河干流的走向从上游向下游移动，就会形成全流域性的特大洪水。暴雨洪水在我国分布很广，尤其是大陆东南部的广大地区，雨量较多，产生的暴雨洪水也最多，灾害程度也最严重。

从全国来看，我国的暴雨洪水主要有以下特点：季节性强，主要出现在夏季，每年 4～9 月是汛期，南方汛期最早，依次向北转移；洪水峰高量大；年际变化无常，变化幅度的地区差别很大，尤以北方为最；规模不同，局地洪水、区域性洪水、流域性洪水均有发生，有时雨区跨越流域，相邻流域会同时发生洪水。

（2）山洪、泥石流。山洪是山区溪流沟中发生的暴涨暴落的洪水，主要是由强度很大的暴雨、融雪在一定的地形、地质、地貌条件下形成的。在相同暴雨、融雪条件下，地面坡度越陡，表层物质越疏松，植被条件越差，越容易发生山洪。由于地面和河床坡降较陡，降雨后产流和汇流都较快，形成急剧的涨落的洪峰，所以山洪的突发性较强，时间短促，且极具破坏力。山洪在我国分布很广，除干旱沙漠地区以外的山区均有发生，尤以淮河、海河和辽河流域的山区最为频繁。山洪如形成固体径流，称为泥石流。泥石流是一种发生在山区河流沟谷中的饱含泥沙、石和水的液固两相流，是一种破坏力很大的突发性的特殊洪流。暴雨或（和）冰雪融水是泥石流发生的主要诱因，按其固体物质构成不同可分为泥石流、泥流和水石流三类。

（3）冰凌洪水。冰凌洪水指河流中因冰凌阻塞和河道内蓄冰、蓄水量的突然释放而产生的洪水，主要发生在我国西北、华北、东北地区。冰凌洪水是热力、动力、河道形态等因素综合作用下的结果。热力因素包括太阳辐射、气温、水温等，其中气温是热力因素中影响凌汛变化的集中表现。气温的高低是影响河道结冰、封冻、解冻开河的主要因素。动力因素包括流量、水位、流速等，其中流速大小直接影响结冰条件和冰凌的输移、下潜、卡塞等，水位的升降与开河形势关系比较密切。水位平稳时大部分冰凌就地消融，形成"文开河"形势；水位急剧上涨，能使水鼓冰裂，形成"武开河"形势。而水位与流速的变化取决于流量的变化，它们之间具有一定的关系，一般来说，流量大则流速大、水位高。河道形态包括河道的平面位置、走向及河道边界条件等；高纬度河流的水温低于低纬度的水温，由南向北流向的河流则易产生冰凌洪水；河道的弯曲度、缩窄、分叉、比降突变等，这些因素对凌情都会有影响。此外，人类活动如在河道上修建水库、分蓄滞洪区、引水渠和控导工程等，都会改变河道流量分配过程及水温，从而影响冰凌洪水。冰凌洪水按其成因不同可分为融雪（融冰）洪水、冰塞洪水和冰坝洪水三类。

（4）融雪（融冰）洪水。冬季积雪至次年春季气温升高而消融，若遇大幅升温，大面积积雪迅速融化则可形成较大的洪水，这种季节积雪融水形成的洪水通常称为融雪洪水。他有时可与冰凌洪水叠加形成春汛。我国融雪洪水主要分布在东北和西北高纬度山区。融雪洪水有如下特点：① 同一河流其融雪洪水的洪量大小、洪峰高低及洪水变化过程，与流域冬季积雪地区分布和春季气温升高情况关系密切；② 与暴雨洪水比较，融雪洪水过程涨落比较平缓，呈矮胖单峰型，有明显日变化特点；③ 融雪洪水发生于春季，积雪融化时间，平原早于山区，小河早于大河，季节性积雪早于高山冰雪；④ 融雪洪水补给来源除了融雪水及河网融冰水外，有些地方冻土融水也占一定比重；⑤ 较大的融雪洪水往往以雨雪混合的形式出现，也称为雨雪混合型洪水，春季积雪消融期间，如遇有降雨，则会加快融化速度，增加融水水量，形成较大洪水。

（5）风暴潮洪水。风暴潮是沿海地区一种严重的洪水灾害。风暴潮是由强风和（或）气压骤降等剧烈大气扰动引起的沿海或河口水面异常升高的现象，又称风暴增水。风暴增水与天文高潮或江河洪水相遇，水位叠加，漫溢堤岸，造成风暴潮洪水灾害。我国是世界上风暴潮现象比较突出的国家之一。风暴潮洪水不仅具有一般洪水淹没土地的危害，还因海水含盐，有腐蚀作用，对浸淹的耕地、建筑物和其他物品的危害比一般洪水更大。

（6）溃坝（堤）洪水。溃坝（堤）洪水是指水坝、堤防等挡水建（构）筑物或挡水物体突然溃决造成的洪水。溃坝（堤）洪水包括堵江堰塞湖溃决、水库溃坝和提防决口所形成的洪水三类。堵江堰塞湖溃决是指由于地质或地震原因引起山体滑坡、堵江断流，壅水漫坝导致溃决，河槽蓄水突然释放形成骤发洪水，往往引发水灾。水库溃坝洪水是指水库发生溃坝事故造成的洪水，造成溃坝的主要原因有：① 工程防洪标准偏低，设计洪水值偏小或尚未完工而遭遇大洪水，造成漫坝事故；② 工程质量问题造成溃坝；③ 管理运行不当及其他原因造成水库溃坝。水库溃坝洪水的突出特点是洪峰高、历时短、流速快，往往造成下游毁灭性灾害，特别是人员伤亡。

1.2.2　洪水量级与标准

1. 洪水量级

按洪水出现的稀有程度，来确定它的大小和等级，在数理统计学上称为概率，在水文学上则习惯称为频率，属于洪水要素方面的，称为洪水频率，常以百分数表示。水文上一般采用洪水频率为 0.01%、0.1%、1%、10%、20% 来衡量不同量级的洪水，洪水频率越小，表示某一量级以上的洪水出现的概率越小，则降水量、洪峰流量、洪量等数值越大；反之，洪水出现的概率越大，则相应的数值越小。水文上除采用洪水频率定量的衡量洪水的大小外，也常用重现期（以年为单位）来描述。重现期是指（洪水变量）大于或等于某随机变量，在很长时期内平均多少年出现一次（即多少年一遇）。这个平均重现间隔期即重现期，用 N 表示。在防洪、排涝研究暴雨洪水时，频率 P（%）和重现期 N（年）存在下列关系：

$$N = \frac{1}{P} \text{ 或 } P = \frac{1}{N} \times 100\%$$

式中　N——降雨、洪水等平均重现间隔，即重现期，年；

　　　P——降雨、洪水等重现的频率，%。

我国七大流域的流域性洪水、区域性洪水和局部性洪水的定义和量化指标，是以七大流域水系分区划分及洪水量级划分标准为基础形成的。根据 GB/T22482—2008《水文情报预报规范》，洪水量级划分见表 1-3。

表 1-3　　　　　　　　洪 水 量 级 划 分

量级	小洪水	中等洪水	大洪水	特大洪水
重现期（年）	$N<5$	$5 \leqslant N<20$	$20 \leqslant N<50$	$50 \leqslant N$

跨流域洪水是指相邻流域 2 个及以上水系分区内，连续发生多场大范围

降雨过程，发生洪水的水系分区主要干支流均发生不同量级的洪水。跨流域洪水的判别以七大江河水系分区的洪水判别标准为基础，但不设置区域性洪水和局部性洪水的判别标准。

（1）跨流域特大洪水，是指相邻流域 2 个及以上水系分区，至少有 1 个水系分区发生的洪水重现期≥50 年，其他水系分区的洪水重现期为 20～50 年。

（2）跨流域大洪水，是指相邻流域 2 个及以上水系分区，至少有 1 个水系分区发生的洪水重现期为 20～50 年，其他水系分区的洪水重现期为 5～20 年。

2. 洪水标准

在水利水电工程设计中，不同等级的建筑物所采用的、按某种频率或重现期标示的洪水称为洪水标准，包括洪峰流量和洪水总量。防洪工程中的洪水标准是根据工程规模、失事后果、防护对象的重要性以及社会、经济等综合因素，由国家制订统一规范确定的。

（1）可能最大洪水。可能最大洪水（probable maximum flood，PMF）是指河流断面可能发生的最大洪水，这种洪水由最恶劣的气象和水文条件组合形成，是永久性水工建筑物非常运用情况下最高洪水标准的洪水。可能最大洪水有水文气象法和数理统计法两类估算方法。

（2）设计洪水。设计洪水是指符合工程设计中洪水标准要求的洪水。设计洪水包括水工建筑物正常运用条件下的设计洪水和非常运用下的校核洪水，是保证工程安全最重要的设计依据之一。

（3）校核洪水。校核洪水是指符合水工建筑物校核标准的洪水。校核洪水反映水工建筑物非常运用情况下所能防御洪水的能力，是水利工程规划设计的一个重要指标。

1.2.3 洪涝灾害

当洪水、涝渍威胁到人类安全，影响到社会经济活动并造成损失时，通常就说发生了洪涝灾害。洪涝灾害是自然界的一种异常现象，一般包括洪灾和涝渍灾，目前中外文献还没有严格的"洪灾"和"涝渍灾"定义，一般将气象学上所说的年（或一定时段）降水量超过多年同期平均值的现象称之为涝。

洪灾一般是指河流上游的降水量或降水强度过大、急骤融冰化雪或水库垮坝等导致的河流突然水位上涨和径流量增大，超过河道正常行水能力，在短时间内排泄不畅，或暴雨引起山洪暴发、河流暴涨漫溢或堤防溃决，形成洪水泛滥造成的灾害。涝渍灾主要是指当地地表积水排出后，因地下水位过高，造成土壤含水量过多，土壤长时间空气不畅而形成的灾害，多表现为地下水位过高，土壤水长时间处于饱和状态，导致农作物根系活动层水分过多，不利于农作物生长，使农作物减收。实际上涝灾和渍灾在大多数地区是互相共存的，如水网圩区、沼泽地带、平原洼地等既易涝又易渍，山区谷地以渍为主，平原坡地则易涝。因此，不易将它们截然分清，一般将易涝易渍形成的灾害统称涝渍灾害。

1. 按直接与间接分类

洪涝灾害可分为直接灾害和次生灾害。在灾害链中，最早发生的灾害称直接灾害或原生灾害。

（1）直接灾害。洪涝直接灾害要是洪水直接冲击破坏、淹没所造成的危害。例如，人口伤亡、土地淹没、房屋冲毁、堤防溃决、水库垮塌；交通、电信、供水、供电、供油（气）中断；工矿企业、商业、学校、卫生、行政、事业单位停课停工停业以及农林牧副渔减产减收等。

（2）次生灾害。次生灾害是指在某一原发性自然灾害或人为灾害直接作用下连锁反应所引发的间接灾害。例如暴雨、台风引起的建筑物倒塌、山体滑坡，风暴潮等间接造成的灾害都属于次生灾害。次生灾害对灾害本身有放大作用，它使灾害不断扩大延续，例如一场大洪灾来临，首先是低洼地区被淹，建筑物浸没、倒塌，然后是交通、通信中断，接着是疾病流行、生态环境的恶化，而灾后生活生产资料的短缺常常造成大量人口的流徙，增加了社会的不稳定因素，甚至严重影响国民经济的发展。

2. 按照地貌特征分类

按照地貌特征，城市或设施洪涝灾害可分为傍山型、沿江型、滨湖型、滨海型和洼地型五种类型。

（1）傍山型。城市或设施建于山口冲积扇或山麓，在降水量较大或大量融雪时，易形成冲击力极大的山洪和泥石流、滑坡等地质灾害，导致重大人员伤亡和财产损失。

（2）沿江型。城市或设施靠近大江大河，一旦决堤会被淹没，特别是上游的危险水库一旦垮坝，就非常危险。

（3）滨湖型。城市或设施位于湖滨，汛期水位高涨时，低洼地遭受水灾，下风侧湖面水位壅高不利于排水，易加重内涝。

（4）滨海型。城市或设施位于海滨，地势低平，因各种因素引起严重内涝、风暴潮、海啸等洪涝灾害。

（5）洼地型。城市或设施建于平原低洼或排水困难地区，因雨后积水不能及时排泄而形成。

3. 按照洪涝灾害特点分类

按照城市或设施洪涝灾害特点，又可分为洪水袭击型、沥水型、洪涝并发型和洪涝发生灾害型四种类型。

（1）洪水袭击型。因暴雨、风暴潮、山洪、融雪、冰凌等不同类型洪水形成的灾害，其共同的特点是冲击力大。

（2）沥水型。降水产生的积水排泄不畅和不及时，使城市受到浸泡造成的灾害。

（3）洪涝并发型。城市或设施同时受到洪水冲击和地面积水浸泡。

（4）洪涝发生灾害型。洪涝灾害对工程设施、建筑物、道路桥梁、通信设施以及人民生命财产造成损害，特别是造成城市生命线事件、交通事故、斜坡地质灾害、公共卫生事件及环境污染等。

1.2.4 洪水监测、预报预警与灾害评估

1. 洪水监测

洪水监测主要包括设置水情站网对水情信息采集、水情测报和实时水情信息的接收与处理等技术和手段。

（1）水情站网。基于国民经济的快速发展和防汛抗旱减灾、水资源综合开发利用及评价，建立水情测站，水情测站是最基本的水情信息采集点。单

个水情测站所能监测范围是有限的，因此需要科学合理地布设一定数量的水情测站，形成相互联系的分布网来迅速准确地获取水文信息，此网络称为水情测站网。水情测站按功能和报汛项目分为雨量站、流量站、水位站、蒸发站、墒情站等。水情测站按照防汛需要进行布设，分为常年水情站、汛期水情测站和辅助水情测站。

（2）水情测报。水情测报主要包括水位观测、流量观测、泥沙测验和水情报讯。

水位是水体、水流变化的重要标志，是防汛抗旱的重要资料。水位观测分为直接观测和间接观测两种，直接观测是人工读取水尺读数进行观测，间接观测是用自记水位计进行观测。水位观测次数视水位涨落变化而定，以能测得完整的水位变化过程，满足日平均水位计算和报汛任务要求为原则。当水位变化平缓时，每日 8 时和 20 时各观测一次；枯水期每日 8 时观测一次；汛期一般每日观测 4 次，洪水过程中还应根据需要增加观测次数，使之能反映洪水过程。

（3）实时水情信息接收与处理。当水情报文进入水情信息网后，在省（流域）级水情中心运行的实时水情信息接收与处理系统自动接收水情报文，利用译电系统完成报文的解码校验，并将数据存入实时水情数据库。各级防汛部门可启动水情信息查询软件对实时水情进行监视和查询。水情信息接收处理系统一般包括水情接收、水情译电、水情值班、水情会商等部分。

2. 洪水预报预警系统

洪水预报是对降雨可能引起的洪水规模和时间进行预测，以达到防洪减灾水资源合理利用的目的。洪水预报预警系统一般应包括洪水预报模块、洪水预测模块及洪水决策支持模块。

（1）洪水预报模块是通过实时监测的降雨数据，根据流域的地形地貌地理特征，建立一定的水文模型，预测河道中的洪水流量或者水位。目前国内常用的水文模型包括新安江模型、SWAT 模型、TOPMODEL 模型等。

（2）洪水预警模块是对河道的洪水进行实时监测，设定河道流量或者水位的预警值，超出预警值后进行预警，供决策部门做出准确决策。我国的洪水警报一般是由各级防汛指挥部门发布。洪水警报工具包括专用电台、对讲机、警报器、广播电台和电台等，目前运用最广泛的是通过移动卫星电话。对于较为偏远落后，发生灾害频率较高的地区需建立群测群防体系，在易发生灾害的季节，应该 24 小时有专人值班预警。对于较为发达的地区要充分运用大众媒体工具、互联网、手机短信等及时向社会发布预警信号。

（3）洪水决策支持模块根据洪水预报和洪水预警信息，提供多种防洪避险安置措施，供决策部门作出决策，来达到防洪减灾的目的。

3. 洪涝灾害评估

洪涝灾害历来是我国最严重的自然灾害之一，全面、及时、科学地对暴雨洪灾进行评估，可以最大程度地减少经济损失。建立洪涝灾害评估系统，是有效进行防洪规划、抗灾、减灾以及灾后恢复的重要基础工作，要想做好洪涝灾害评估，必须要完善洪灾统计指标，并开展洪灾风险分析工作。

从洪涝灾害孕育、发生和发展的时间演变过程看，洪水灾害的评估常分为灾前评估、灾中评估和灾后评估。

灾前评估是指在洪灾发生之前，对洪水灾害可能造成的损失进行合理的预测，常见的做法是绘制洪水风险图，生成防洪调度预案。灾中评估是指在洪灾发生的过程中，快速判断洪水的实际影响范围、受灾人口、淹没损失等，进行实时动态评估，为决策人员提供实时的灾情变化情况并对其发展趋势进行分析，为制订紧急救援对策提供依据。灾后评估是指洪灾过程结束之后，对受灾区造成的人口、经济及生态环境损失进行调查评估，为灾后恢复重建提供依据。

洪灾是一个大型的复杂的灾害体系，因此评估工作也很复杂。我国的洪灾评估指标主要有四个：人员伤亡、洪灾经济损失、生态环境损失和灾害救援。不同的灾害时段、不同的灾害程度所用的评估方法也各不相同，常用的灾害评估方法有风险评估法和经验预测评估法。

第 2 章

变电站防洪规划设计

防洪工作的基本内容可分为建设、管理、防汛和科学研究。防汛多指汛期到来之前，组织的河堤、堤坝、清淤等工程建设以及帐篷、救生衣、舟船等储备物资，侧重于措施和方法。防洪标准是在权衡防洪保护对象的重要性和采取防御洪水措施的经济合理性后，制订的防御不同等级洪水的标准。防洪保护对象越重要，防洪标准相对越高，但过高的防洪标准将影响工程的经济合理性，所以防洪标准在电力工程规划、设计、施工和运行管理中有着重要作用。

2.1 变电站分类

变电站是电网中用以变换电压、交换功率和汇集、分配电能的设施。变电站是电力系统中重要的连接环节，变电站布局是电网规划的重要组成部分。应根据地区电源规划、负荷分布、供电分区、电磁环网解环，以及其在系统中的地位和作用等要求，从电网整体结构出发，适度超前、远近结合、统筹考虑，合理进行变电站布局，以便获得最大效益。按在电力系统中的地位和作用，变电站可分为枢纽变电站、区域变电站、地区变电站、终端变电站和用户变电站等。

（1）枢纽变电站。是指处于枢纽位置、汇集多个电源和联络线或连接不同电力系统的重要变电站，其额定电压通常为220～1000kV。

（2）区域变电站。是指向数个地区或大城市供电的变电站，除少数为枢纽变电站外，其余均为区域变电站。

（3）地区变电站。是指向一个地区或大、中城市供电的变电站。它通常从 110～220kV 的电网受电，降压至 35～66kV 及以下后向电力负荷供电。

（4）终端变电站。是指处于电力网末端，包括分支线末端的变电站。

（5）用户变电站。是指向工矿企业，交通、电信部门，医疗机构和大型建筑物等较大负荷或特殊负荷供电的变电站，它从电网受电降压后直接向用户的用电设备供电。

2.2　变电设施防洪标准

2.2.1　基本规定

工程项目及设施设备防洪标准是指各种防洪保护对象或工程本身要求达到的防御洪水的标准。一般情况下，当实际发生的洪水不大于防洪标准的洪水时，通过防洪工程的正确运用，能保证工程本身或保护对象的防洪安全。GB 50201—2014《防洪标准》对我国防洪保护区、工矿企业、交通运输设施、电力设施、环境保护设施、通信设施、文物古迹和旅游设施、水利水电工程等防护对象，防御暴雨洪水、融雪洪水、雨雪混合洪水和海岸、河口地区防御潮水的规划、设施、施工和运行管理等相关工作做出了相应的规定。

（1）防护对象的防洪标准应以防御的洪水或潮水的重现期表示；对于特别重要的防护对象，可采用可能最大洪水表示。防洪标准可根据不同防护对象的需要，采用设计一级或设计、校核两级。

（2）各类防护对象的防洪标准应根据经济、社会、政治、环境等因素对防洪安全的要求，统筹协调局部与整体、近期与远期及上下游、左右岸、干支流的关系，通过综合分析论证确定。有条件时，宜进行不同防洪标准下可能减免的洪灾经济损失与所需的防洪费用的对比分析。

（3）同一防洪保护区受不同河流、湖泊或海洋洪水威胁时，宜根据不同河流、湖泊或海洋洪水灾害的轻重程度分别确定相应的防洪标准。

（4）当防洪保护区内防护对象的防洪标准高于防洪保护区的防洪标准，

且能进行单独防护时，防洪标准应单独确定，并应采取单独的防护措施。

（5）当防洪保护区内有两种以上的防护对象，且不能分别进行防护时，该防洪保护区的防洪标准应按防洪保护区和主要防护对象中要求较高者确定。

（6）对于影响公共防洪安全的防护对象，应按自身和公共防洪安全两者要求的防洪标准中较高者确定。

（7）防洪工程规划确定的兼有防洪作用的路基、围墙等建筑物、构筑物，其防洪标准应按防洪保护区和该建筑物、构筑物的防洪标准中较高者确定。

（8）下列防护对象的防洪标准，经论证可提高或降低：①遭受洪灾或失事后损失巨大、影响十分严重的防护对象，可提高防洪标准；②遭受洪灾或失事后损失和影响均较小、使用期限较短及临时性的防护对象，可降低防洪标准。

（9）按 GB 50201—2014 规定的防洪标准进行防洪建设，经论证确有困难时，可在报请主管部门批准后，分期实施，逐步达到。

2.2.2　变电设施防洪标准

GB 50201—2014 中对高压、超高压和特高压变电设施的防洪标准作出了具体规定：35kV 及以上的高压、超高压和特高压变电设施，应根据电压分为三个防护等级，其防护等级和防洪标准见表 2-1。工矿企业专用高压变电设施的防洪标准，应与该工矿企业的防洪标准相适应。

表 2-1　　　不同电压等级变电设施的防护等级和防洪标准

电压等级（kV）	防护等级	防洪标准［重现期 N（年）］
≥500	Ⅰ	≥100
<500，≥220	Ⅱ	100
<220，≥35	Ⅲ	50

变电设施防洪设计其他主要相关要求见表 2-2。

另外，实际运行经验表明，应提高城市中心站和地下变电站场地标高，便于自流排水到市政管网。变电站大门宜采用实体大门并设置防洪挡板，挡水高度应超过历史最高内涝水位 0.5m，且安装高度不低于 0.8m，挡板底端宜设有防水密封措施。地下站安全出口高度应高于百年一遇洪水高度并超过历史最高内涝水位 0.5m；优化进站道路走向、标高及坡度，出入口设置排水沟，避免站外雨水倒灌。

表 2-2　　　　　　　　　变电设施主要防洪设计相关要求

序号	名称	标准号	相关要求
1	《变电站总布置设计技术规程》	DL/T 5056—2018	220kV 枢纽变电站及 220kV 以上电压等级的变电站，站区场地设计标高应高于频率为 1%（重现期）的洪水水位或历史最高内涝水位；其他电压等级的变电站站区场地设计标高应高于频率为 2%（重现期）的洪水水位或历史最高内涝水位
2	《35kV～220kV 城市地下变电站设计规程》	DL/T 5216—2017	220kV 地下变电站站区场地标高，应高于频率为重现期 1% 的洪水水位或历史最高内涝水位；110kV 及以下的地下变电站站区场地设计标高应高于频率为重现期 2% 的洪水水位或历史最高内涝水位；地下变电站站区均采用雨、污水分流方式，雨、污水出站区均排至城市排水系统。地下变电站地上建筑物室内地坪高出室外地坪不应小于 0.45m
3	《地下工程防水技术规范》	GB 50108—2008	220kV 地下站应按一级防水设计，110kV 及以下地下变电站可按一级防水设计

2.3　变电站总体规划设计与站址选择

2.3.1　总体规划设计

变电站总体规划应与当地城镇规划、工业区规划、自然保护区规划或旅游规划区规划相协调，不得将站址建在已有滑坡、泥石流、大型溶洞、矿产采空区等地质灾害地段，站址不宜压覆矿产及文物，应避免与军事、航空和通信设施的相互干扰，站外交通应满足大件设备运输要求，应充分利用就近的生活、文教、卫生、交通、消防、给排水等公用设施。对于山区等特殊地形地貌的变电站，其总体规划应考虑地形、山体稳定、边坡开挖、洪水及内涝的影响。在有山洪及内涝影响的地区建站，宜充分利用当地现有的防洪、防涝设施。总体规划应对站区、水源、给排水设施、进站道路、防排洪设施、进出线走廊、终端塔位、站用外引电源及周围环境影响等进行统筹安排，合理布局。

2.3.2 站址选择

变电站的站址选择是在掌握了有关城乡规划，土地利用总体规划，电力、交通、水源地、防护林、旅游区等规划的基础上，依据区域地质、地震、水文地质、水文气象、压矿、文物、地质灾害、当地建筑习惯及建筑材料以及环保要求等设计基础资料，并考虑军事、通信、导航、文物、风景旅游及噪声敏感点等特殊设施对变电站的要求，铁路运输条件及换装车站选择、公路运输条件及运输路径、航道运输条件、卸装码头及运输路径等大件运输条件，以及拆迁赔偿和取得的相关协议等对变电站站址进行选择。站址应具有适宜的地形和地质条件，应避开滑坡、泥石流、塌陷区和地震断裂地带等地质灾害地段；宜避开溶洞、采空区、明和暗的河塘、岸边冲刷区及易发生滚石等潜在或次生地质灾害地段，避免或减少林木植被破坏，保护自然生态环境。当不能避让时，应做专项站址安全性评估。

2.4 变电站竖向设计

2.4.1 竖向布置原则

变电站竖向设计应与总平面布置同时进行，并应与站区外现有和规划的运输线路、排水系统、周围场地标高等相协调。竖向设计方案应根据站区防洪、防涝、防潮水、安装与检修、交通运输、排水、管线敷设及土（石）方工程等要求，结合地形和地质条件进行综合比较后确定。对于改扩建项目的竖向布置，应与原有站区竖向布置相协调，并充分利用原有的排水设施。站区及大门处标高应满足防洪、防涝及防潮水要求；山区建站尚应注意保护植被，避免水土流失、泥石流等自然灾害。分期建设的工程，在场地标高、道路坡度、排水系统等方面，使近期与远期工程相协调。变电站竖向设计形式应根据场地的地形地貌、地质条件、站区布置、地下管线敷设、施工方法等因素合理确定采用平坡式或阶梯式。另外，根据地形和使用要求，也可以将场地分为几个大区，每个大区内用平坡式，而大区之间用阶梯式连接。对于站区内设有高压、特高压配电装置以及大型主控通信楼等主要设备、建筑结构的场地，要统一考虑其重要性，综合部署场地的竖向排水方式。

2.4.2　竖向分类与选择

变电站竖向设计形式应根据场地的地形地貌、地质条件、站区布置、地下管线敷设、施工方法等因素合理确定竖向形式。竖向布置形式主要分为平坡式、阶梯式和混合式布置。

1. 平坡式

平坡式布置是指将用地处理成一个或几个坡向的平面，且坡度和标高没有剧烈的变化。平坡式布置交通运输、生产联系和管线铺设条件较好，但排水条件差、地形起伏较大时，土石方工程量大，并出现大填、大挖和大量深基础。

2. 阶梯式

阶梯式布置是指将建设场地处理成几个标高相差较大的不同平面连接而成的场地。在连接处，设置护坡和挡土墙，且宜在阶梯下设排水明沟。阶梯式土石方量少，容易就地平衡，站区排水条件好，但交通运输和管线铺设条件较差，并需设护坡或挡土墙等构筑物。

3. 混合式

混合式布置即平坡式与阶梯式混合使用。根据地形和使用要求，将场地分为几个大区，每个大区内用平坡式，而大区之间用阶梯式连接。

站区场地平坦、自然地形坡度不超过5%时，一般采用平坡式布置。坡向可根据场地自然地形、配电装置布置、母线方向等，选用单坡、双坡及多坡布置。场地坡度一般选用0.5%~2%，最小坡度不小于0.3%，最大坡度不宜大于6%。阶梯式布置适用于自然地形坡度较大的建设场地，一般自然地形坡度5%~8%（大型变电站场地大取下限值，反之取上限值）或高差1.5m以上的区域，可采用阶梯式防汛布置方式；当坡度小于5%，但站区宽度大于500m时，也可考虑阶梯式；山区变电站，自然地形坡度一般较大，为避免大填、大挖，多用阶梯式布置。对于站区内设有高压、特高压配电装置以及大型主控通信楼等主要设备、建筑结构的场地，要统一考虑其重要性，综合部署场地的竖向排水方式。

2.5　变电站场地标高设计

变电站场地设计标高的确定应考虑：站区地形、地貌及地质条件；站内外生产运输要求；改、扩建场地必须考虑与原场地的衔接；与所在城镇、相邻企业和居住区等现有和规划设施的标高相适应；土方、挡土墙、护坡及地基处理工程量；站区近远期发展规划；道路综合纵坡以及最大坡度要求；站区大门接口处标高要求等因素。合理确定场地设计坡度、建筑物室内地坪标高及室内外高差。

站址场地设计标高宜高于或局部高于站外自然地面，以满足站区场地自流排水要求。当实际条件无法达到上述要求时，应有可靠的防止洪水倒灌措施。站区场地设计标高应根据变电站的电压等级确定。当站址场地设计标高不能满足上述要求时，可区别不同的情况分别采取购土垫高、设置防洪（涝）墙、架空平台等措施。例如，采用购土垫高或防洪（防涝）墙方案时，站区护坡或挡土墙应考虑洪水冲刷与浸泡措施。当站区地形起伏不大，所需土方不多，周边有合适的土源且运输距离不是太远时，可以考虑购土垫高场地设计标高，场地设计标高不应低于洪（潮）水位或历史最高内涝水位。防洪（防涝）墙（可兼做围墙或其基础）墙顶标高应高于上述洪（潮）水位（或历史最高内涝水位标高 0.5m）。此时进站路在站区主入口处应高于洪水位标高，若无法满足时则站内运行人员还应采取防水措施（比如堆沙袋、设置防洪挡板等），防止雨水从进站大门处倒灌进入站区。沿江、河、湖、海等受风浪影响的变电站，防洪设施标高还应考虑频率为 2% 的风浪高和 0.5m 的安全超高。

第 3 章

变电站防汛风险评估

本章首先通过变电站防汛的案例分析和先验知识，以及灾害学理论，对防汛影响因素致灾性进行分析，进一步得到整体的变电站防汛风险等级评估方法，然后结合防汛能力影响因素特点，明确变电站防汛风险所依据的准则，建立变电站防汛等级评估体系。

3.1　变电站防汛数据处理

现实采集到的数据大多是"脏"数据，具有含噪声、不完整和不一致等特点，为了给后续防汛能力评估和风险预测提供准确的数据输入，需要对原始的环境微气象数据进行预处理，整个预处理的过程包括缺失值补全、去噪、时间颗粒度统一和数据归一化。

3.1.1　多维数据缺失值补全

变电站防汛数据分为人工采集和设备采集。在实际运行环境下，由于设备故障或者其他因素影响，会出现数据漏采或漏读等现象，导致数据缺失。在此种情况下，可根据时间跨度将缺失值分为完全随机缺失和非完全随机缺失两类。

（1）完全随机缺失。时间跨度较大，数据的缺失不依赖任何测量值。导致数据缺失的原因是采集故设备出现障停止工作，此类缺失值难以使用模型进行拟合补全，因此直接剔除。

（2）非完全随机缺失。时间跨度较小，数据的缺失依赖已收集的测量值。导致数据缺失的原因是设备漏采误采或者数据收集时误读，此类缺失值可以采用统计学或者机器学习的方法进行补全。

目前多采用插补方法进行数据失值补全，常见的有时序预测法、多重填补法、统计估计法和插值法等。

（1）时序预测法。时序预测法一般采用自回归模型、移动平均模型和自回归差分移动平均模型等模型对缺失值进行预测，通常要求时间序列保持稳定，或是能在进行差分后达到稳定状态。

（2）多重填补法。这是一种基于贝叶斯理论的多次插补缺失值的方法，其思想就是反复对缺失值进行填补，最后综合分析多次填补的结果，做出推断，但是限于填补次数和迭代次数，效率要远低于其他插补法。

（3）统计估计法。统计估计法结构简单，根据数据所服从的分布进行快速填补，但当样本数过小或样本数据分布不能代表全体数据分布时，填补数据会偏离真实数据。

（4）插值法。插值法主要包括拉格朗日插值法、牛顿插值法、三次样条插值法等。由于拉格朗日插值法和牛顿插值法会引发龙格库塔现象，即随着连续缺失样本数的增加，高次多项式插值会产生误差波动。三次样条插值法是一种通过一系列形值点的曲线函数插值方法，使用低阶多项式样条实现较小的插值误差，有较好的收敛性和稳定性，这样就避免了使用高阶多项式所出现的龙格库塔现象，通过构造"属性—时间"映射函数来填补缺失值。

3.1.2　多维数据去噪

变电站运行环境微气象数据（如雨量、风速风向和温湿度）是典型的时间序列数据，具有明显非平稳、周期性波动特征，同时会伴随着非常严重的噪声，而含噪数据往往被模型认作"脏"数据，会大大降低模型精度，因此，需要对数据进行降噪。

采用奇异谱分析（Singular Spectrum Analysis，SSA）方法，同时引入滑动窗技术，通过滑动窗以较高精度捕获时序数据的历史局部特征，跟踪分量之间的相似度，准确地衡量历史数据对当前数据的影响，从而提高降噪能力。

1. SSA 方法原理

SSA 方法分析过程主要包括两个步骤，分解和重构。首先将原始序列延时地排列成一维矩阵形式，构造轨迹矩阵，然后利用奇异值分解，接着对所得到的主成分构成的新矩阵进行分组和对角平均化。

（1）分解。将给定时间长度为 N 的一维时间序列 $s = \{s_n, n = 1, 2, 3, \cdots, n\}$ 拓展为多维时间序列。

$$X = \begin{pmatrix} s_1 & s_2 & \cdots & s_K \\ s_2 & s_3 & \cdots & s_{K+1} \\ \vdots & \vdots & & \vdots \\ s_L & s_{L+1} & \cdots & s_N \end{pmatrix} \tag{3-1}$$

式中 L——嵌入维度，且 $1 < L < N$，$K = N - L + 1$。

（2）奇异值分解（SVD）。对轨迹矩阵 X 进行奇异值分解。

$$X = U \begin{bmatrix} \Sigma & 0 \\ 0 & 0 \end{bmatrix} V^T = \sum_{i=1}^{w} X_i \tag{3-2}$$

$$X_i = \sigma_i U_i V_i^T$$

式中
Σ——奇异值矩阵；

0——零矩阵；

w——时间序列 s 的非零特征分量数目，$w = \text{rank}(X)$；

X_i——X 在 U_i 方向上的投影；

$\sigma_i (i = 1, 2, \cdots, w)$——非负奇异值，在 Σ 中从大到小排列；

U_i，V_i^T——分别为奇异值对应的左右奇异特征向量。

设 $\{\sigma_i, U_i, V_i^T\}$ 为 X_i 的奇异谱，X_i 的贡献率为

$$\delta_i = \frac{\sigma_i^2}{\sum\limits_{i=1}^{w} \sigma_i^2} \tag{3-3}$$

式中 δ_i——对应分量所占的能量。

特征值按照降序排列，其中最大的特征值对应着最大的特征向量，代表着信号的趋势，而较小的特征向量一般被看作噪声。

（3）重构。采用 HC 聚类算法自动筛选重构信号，通过自下而上层层聚类，快速挖掘分量关系，将分量聚类成趋势分量、周期分量和噪声，最后经过对角平均化得到去噪后的温度时间序列。

2. 基于滑窗 SSA 的数据分解去噪流程

在 SSA 方法的基础之上，引入滑动窗口技术，详细过程如下。

（1）构造窗口长度为 W，每次滑动步长为 Δ 的滑动窗口，从时序信号 s 首端开始截取长 W 的信号片段。

$$\hat{s}_p = \{s_n, n = (P-1) \cdot \Delta + 1, (p-1) \cdot \Delta + 2, \cdots, \\ W + (P-1) \cdot \Delta\} \tag{3-4}$$

式中　P——滑动窗口的第 P 步，例如当 $P=1$ 时，$\hat{s}_1 = \{s_n, n = 1, 2, \cdots, W\}$，根据 $\hat{s}_p$ 构造 L 行，K 列的 Hankel 矩阵 X_P。

（2）使用 SSA 方法对 X_P 进行拆解，得到 w 个信号矩阵，接着利用 HC 算法聚类成趋势信号矩阵、周期信号矩阵和噪声信号矩阵，通过对角平均化得到趋势片段 α_P、周期片段 β_P 和噪声片段 δ_P。

（3）设待重组趋势信号、周期信号和噪声为 $\tilde{\alpha}_n$、$\tilde{\beta}_n$、$\tilde{\delta}_n (n = 1, 2, \cdots, N)$，将 α_P、β_P、δ_P 中的前 Δ 个信号点按时序存入 $\tilde{\alpha}_n$、$\tilde{\beta}_n$、$\tilde{\delta}_n$。

（4）滑动窗口按时序滑动一步，即 $P = P+1$，重复上述过程，直至最后时序信号 s 末端剩余信号点长度小于 Δ 时，滑动窗口滑动截取剩余信号。此时 $\hat{s}_p$ 长度小于 W，使用 SSA 方法拆解后，将片段内所有信号点分别存入 $\tilde{\alpha}_n$、$\tilde{\beta}_n$、$\tilde{\delta}_n$ 中，得到完整的趋势信号、周期信号和噪声信号，最后将趋势信号和周期信号加和便得到了降噪后的目标信号 s'。

基于滑窗 SSA 的数据分解去噪流程如图 3-1 所示。

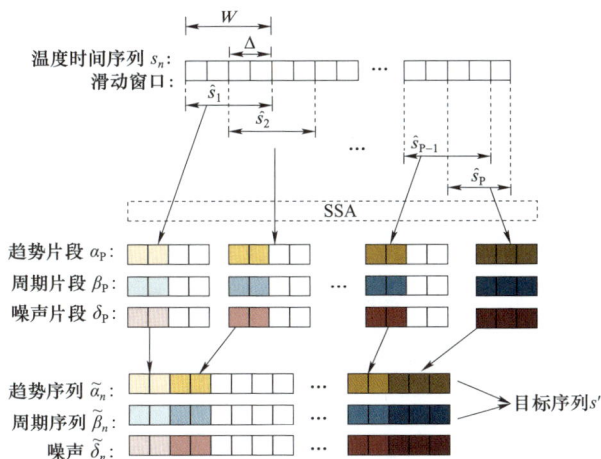

图 3-1　基于滑窗 SSA 的数据分解去噪流程

3.1.3 多维数据时间颗粒度统一

时间颗粒度是指数据的细化程度，用于表示数据集的最小组成单元。比如在使用的原始微气象数据中，如果温湿度数据的时间颗粒度为 60min，风速风向的时间颗粒度为 15min，雨量和云量的时间颗粒度为 120min。时间颗粒度的不同会导致后续训练相关模型时各维输入向量长度不同，因此，需要对多维数据做时间颗粒度统一处理。

为契合雨量和云量数据的时间颗粒度，需要对温湿度数据和风速风向数据的时间颗粒度做转化。在上述数据时间颗粒度处理时，可按照时序，使用 120min 内的平均温湿度和平均平均风速风向来代替原始数据，计算公式为

$$\begin{cases} T' = \dfrac{1}{n} \sum_{00:00}^{2:00} T \\[2mm] RH' = \dfrac{1}{n} \sum_{00:00}^{2:00} RH \\[2mm] WS' = \dfrac{1}{m} \sum_{00:00}^{2:00} WS \\[2mm] WD' = \dfrac{1}{m} \sum_{00:00}^{2:00} WD \end{cases} \qquad (3-5)$$

式中　T'、RH'、WS'、WD'——分别代表时间颗粒度为120min的温度、湿度、风速和风向数据；

　　　　n、m——分别代表原始温湿度数据和风速风向数据在120min 内的数据条数。

3.1.4 多维数据归一化

通过观察微气象数据不难发现，各维变量具有不同的量纲和量纲单位，而后续利用相关模型训练时，往往会"偏爱"大量纲数据，"忽略"小量纲数据，所以将数据直接输入模型当中，模型的精度会大大降低。为了消除因量纲不同造成的影响，需要对数据进行标准化处理，消除各维变量之间的可比性，使数据处在同一量级。

采用经典的归一化处理，即将数据统一映射到 [0,1] 范围内，将有量纲

数据转换成无量纲数据，成为纯量，使模型在训练时"公平"对待每维变量。数据归一化后，能大大提升模型训练时的收敛速度，缩短模型训练时间。归一化的表达式为

$$X_i = \frac{X_i - X_{\min}}{X_{\max} - X_{\min}} \tag{3-6}$$

式中　　　　　　$X_{\max}$——该维数据中的最大值；

　　　　　　　　$X_{\min}$——该维数据中的最小值；

$X_i, i = 1, 2, \cdots, N$——该维数据，且 N 为该维数据长度。

3.1.5　影响因素的正向化

为统一指标属性，将各指标进行正向化处理，得到正向化指标 f_{ij}，f_{ij} 越大，表明指标越优。

1. 正向型指标

正向型指标正向化处理函数为

$$f_{ij} = \frac{x_{ij}}{x_{j\max}} \tag{3-7}$$

式中　　　　f_{ij}——第 i 个样本的第 j 个正向型指标的正向化结果；

　　　　　　x_{ij}——第 i 个样本的第 j 个正向型指标的数值；

　　　　$x_{j\max}$——第 j 个正向型指标的最大值。

2. 逆向型指标

逆向型指标正向化处理函数为

$$f_{ij} = \frac{x_{j\max}}{x_{ij}} \tag{3-8}$$

式中　　　　f_{ij}——第 i 个样本的第 j 个逆向型指标的正向化结果；

　　　　$x_{j\max}$——第 j 个逆向型指标的最大值；

　　　　　　x_{ij}——第 i 个样本的第 j 个逆向型指标的数值。

3. 中间型指标

中间型指标正向化处理函数为

$$f_{ij} = 1 - \frac{|x_{ij} - x_{\text{best}}|}{\max\{|x_{ij} - x_{\text{best}}|\}} \tag{3-9}$$

式中　　f_{ij}——第 i 个样本的第 j 个中间型指标的正向化结果；

　　　　x_{ij}——第 i 个样本的第 j 个中间型指标的数值；

　　　　x_{best}——第 j 个中间型指标的理想值。

4. 正向化处理矩阵

正向化处理矩阵函数为

$$F = (f_{ij})_{m \times n} \tag{3-10}$$

式中　　f_{ij}——第 i 个样本的第 j 个正向化指标；

　　　　m——输变电设施样本数；

　　　　n——输变电设施防汛风险影响因素个数。

3.2　指标体系构建及量化

3.2.1　指标体系的构建

1. 变电站防汛影响因素分析

影响变电设备设施防汛能力的因素繁多。从自然环境方面看，有变电设备设施所处的地理环境、周边水文特征、区域暴雨及其分布特征等；从变电设备设施自身看，有变电站的电压等级、站内设备布置、防汛管理及应急管理完善程度、防汛物资储备情况及防汛排水能力等。根据经典灾害系统理论，可以将上述这些影响因素归结为三类，即孕灾环境、致灾因子和承灾体三类影响因子。其中，孕灾环境和承灾体分别对应变电站所处地理环境数据和变电设备设施数据，致灾因子则对应动态的气象数据。

（1）孕灾环境。孕灾环境是由大气圈、水圈、岩石圈（包括土壤和植被）、生物圈和人类社会圈所构成的综合地球表层环境。其具体包含变电站区域气候特征、站址海拔、站址周边地形变化及站址周边水文条件等。

（2）承灾体。承灾体是指直接受到灾害影响和损害的人类社会主体，主要包括人类本身和社会发展的各个方面。针对变电站防汛，承灾体具体包括变电站设备设施布置、防汛管理及物资储备、站内排水能力等。

（3）致灾因子。致灾因子是指诱发洪涝灾害的因素，包括极端暴雨、洪水等气象和致灾因素。

2. 指标体系的构建

灾害的形成是致灾因子、孕灾环境和承灾体三者综合作用的结果，三者缺一不可，并且在灾害系统中三者具有同等重要的作用。从孕灾环境敏感性、致灾因子危险性及承灾体脆弱性三个方面出发，对变电站防汛影响因素进行划分，便于后续变电站防汛影响因素的全面分析。具体的变电站汛情影响因素分类划分见表 3-1。

表 3-1　　　　　　　　变电站汛情影响因素表

影响因素类别	具体影响因素
孕灾环境因子	气候条件 地形地貌 土壤植被 水文状况 山洪泥石流隐患 …
承灾体因子	电压等级 设施内排（储）水能力 站内面积 设备安全水位高度 防汛物资储备量 …
致灾因子	降水量 温度 风速 湿度 …

3.2.2　指标选取的基本原则及量化规则

1. 指标选择的基本原则

在筛选确定变电站防汛风险指标时，应遵循以下基本原则。

（1）科学性。以变电站防汛历史案例和先验知识作为参考标准，对变电站防汛各个流程间的相互关系做出全面分析，综合考虑变电站站址、设施、设备、物资、人力等各方面因素，使选取的指标最大限度接近客观事实。

（2）代表性。所选防汛因素指标尽可能地具有灾害特征的指向性，反映洪涝对变电站造成的损失结果。

（3）独立性。所选防汛因素指标之间避免出现冗余信息，尽可能地相互独立，相关性较低。

（4）系统性。指标体系应是一个拥有完整架构的变电站防汛系统。

2. 指标量化规则

对于表3-1中的影响因素，从数据特征来看，包括定性与定量两种数据，其中致灾因子因素多为气象数据，以定量的数据形式呈现，能直接应用于后续的变电站防汛风险预测模型的训练使用，但孕灾环境及承灾体类别中的大部分因素是定性描述，不能直接应用于模型的训练和使用，需要通过量化操作，将原本的定性描述映射为定量数据的形式。对于定性描述，可采用表3-2所示的影响因素量化规则进行数值量化操作。

表 3-2   影 响 因 素 量 化 规 则

状态	风险值	汛灾影响程度描述
正常	0.3 以下	不会导致汛灾
低风险	0.3～0.6（含）	小概率导致汛灾
中风险	0.6～0.9（含）	大概率导致汛灾
高风险	0.9 以上	极大概率导致汛灾

从表3-2可以看出，对于定性描述数据的量化主要分为四个等级，从对引发汛情的影响程度高低分别为高风险、中风险、低风险以及正常（即没有影响）。以孕灾环境中的气候条件为例，若该站点所处地区属于暴雨天气频发地带，则该站点的气候条件对于站点汛情有极大的影响。类似地，若该站点地势高于周边环境地势，能实现自主排水，则地形地貌这一影响因素对该站点的汛情发生没有负面影响。

3.2.3 指标量化评分

参照变电站防汛历史案例，结合变电站实际工程背景，分别对评价指标数据、变电站防汛风险等级和评价指标对风险等级确定影响程度进行量化评分。

1．评价指标的量化

依据实际情况对变电站防汛风险等级评价指标状态进行评分，定性描述的评价指标量化评分见表 3-3 和表 3-4。

表 3-3   设备设施因素量化评分示例表

一级因素	状态评估风险值	二级因素	定性描述		状态评估风险值
设备设施	[0，1]	电压等级	低于等于 220kV		0.1
			220kV		0.5
			500kV		0.7
			1000kV		0.9
		站址情况	电压等级高于等于 220kV	低于频率为 1% 的洪水及历史最高内涝水位	0.2
				高于频率为 1% 的洪水及历史最高内涝水位	0.7
			电压等级低于 220kV	低于频率为 2% 的洪水及历史最高内涝水位	0.1
				高于频率为 2% 的洪水及历史最高内涝水位	0.7
		站内排水系统	排水系统完善		0.2
			排水系统轻度损坏		0.4
			排水系统中度损坏		0.7
			排水系统重度损坏		0.9
		防汛物资储备	物资储备齐全		0.1
			物资储备轻度缺失		0.3
			物资储备中度缺失		0.5
			物资储备重度缺失		0.7
			物资储备极度缺失		0.9

表 3-4   地理环境因素量化评分示例表

一级因素	状态评估风险值	二级因素	定性描述	状态评估风险值
地理环境	[0,1]	地形地貌	站点高于周围地面公路，且有排水沟	0.1
			站点高于周围地面公路，且无排水沟	0.3

一级因素	状态评估风险值	二级因素	定性描述	状态评估风险值
地理环境	[0,1]	地形地貌	站点低于周围地面公路，且有排水沟	0.4
			站点低于周围地面公路，且无排水沟	0.8
		土壤植被	附近有大量植被	0.1
			附近有适量植被	0.3
			附近有少量植被	0.6
			附近无植被	0.8
		水文情况	附近无河流	0.2
			附近有河流	0.5
			附近有运河	0.6
			附近有湖泊、水库	0.8
		泥石流隐患	曾经发生过泥石流	0.7
			存有泥石流隐患	0.3
			无泥石流隐患	0.1

2. 定性影响因素数据量化

为消除定性描述的数据对评估结果带来的误差，对二级因素中的各指标进行打分评价，具体评分表格见表 3-5。

表 3-5 指 标 评 分 表 格

一级因素 P2	二级因素 P3	危急 Q1	严重 Q2	注意 Q3	一般 Q4
孕灾环境（B1）	地形地貌（C1）				
	土壤植被（C2）				
	水文情况（C3）				
	泥石流隐患（C4）				
承灾体（B2）	电压等级（D1）				
	站址情况（D2）				
	防汛物资储备（D3）				
	站内排水系统（D4）				

3.3　变电站防汛基础信息收集

介绍需要调研收集的变电站站内、站外基础信息内容及其用途。

3.3.1　站外信息调研

1. 站外地理信息采集

站外地理信息采集，在充分利用国家地理数字资源的基础上，进一步利用无人机搭载激光雷达，完成站外地形地貌、高程、地表植被、建筑物等周边地理信息采集，形成变电站周边空三模型和实景三维模型，结合降水量实时监测数据、预测预报数据和水库（河流）水位（流量）监测数据，实现站外地势、积水点、积水流向的判断。

（1）蓄滞洪区。蓄滞洪区是指包括分洪口在内的河堤背水面以外临时储存洪水的低洼地区及湖泊等。其中多数历史上就是江河洪水淹没和蓄洪的场所。蓄滞洪区包括行洪区、分洪区、蓄洪区和滞洪区。蓄滞洪区是江河防洪体系中的重要组成部分，是保障重点防洪安全，减轻灾害的有效措施。

1）行洪区。行洪区是指天然河道及其两侧或河岸大堤之间，在大洪水时用以宣泄洪水的区域。

2）分洪区。利用平原区湖泊、洼地、淀泊修筑围堤，或利用原有低洼圩垸分泄河段超额洪水的区域。

3）蓄洪区。分洪区发挥调洪性能的一种，它是指用于暂时蓄存河段分泄的超额洪水，待防洪情况许可时，再向区外排泄的区域。

4）滞洪区。分洪区起调洪性能的一种，这种区域具有"上吞下吐"的能力，其容量只能对河段分泄的洪水起到削减洪峰，或短期阻滞洪水作用。

在进行变电站站外地理信息采集时，应明确该变电站是否处于蓄滞洪区，以及蓄滞洪区使用概率、变电站所处蓄滞洪区位置等相关信息，进一步判断其影响程度。

（2）变电站地理形势。变电站站点与周边道路的相对标高是影响变电站的防汛风险的主要因素之一。依据变电站站点周边地理形势特点和排水沟的布置，可以根据防汛排水能力和危险程度将其分为：站点高于周围地面道路，且有排水沟；站点高于周围地面道路，且无排水沟；站点与周围地面道路等高；站点低于周围地面道路，且有排水沟；站点低于周围地面道路，且无排水沟等五种情况，据此来判断站点防汛能力。

（3）变电站周边土壤植被。植被主要通过植被覆盖度、枯落物、生物结皮和改变土壤物理性质来影响坡面水文过程。植被盖度与径流量、土壤流失量之间存在强相关性，随植被覆盖度的增加，产流、产沙率及养分流失量均有下降趋势。植被一方面通过地上部分隔绝降雨直接打击地面，达到消减径流冲刷力，增加下渗的作用；另一方面通过增加土壤地下生物量、改变土壤水文物理性质对坡面水文过程产生影响。枯落物层和地表生物结皮是森林生态系统的重要组成部分，在拦蓄降雨、保护地表土壤、防治水土流失等方面都具有重要意义。植被地下部分同样对坡面流水动力学特性产生重大影响，特别是根系发达的植被，在遭受短历时高强度的暴雨冲击下，植物根系的存在能显著减少坡面细沟的出现，降低雨滴对坡面土壤颗粒的溅蚀，从而对坡面流流速、阻力等水动力学参数产生影响。

根据变电站周边土壤植被情况调查，可依据植被覆盖具体情况将其划分为：附近有大量植被、附近有适量植被、附近有少量植被、附近无植被四种情况。

（4）地质灾害隐患。地质灾害是指在自然或者人为因素的作用下形成的，对人类生命财产造成的损失、对环境造成破坏的地质作用或地质现象。洪水易诱发地质灾害，长时期、大范围且暴发频繁的洪灾与地质环境密切相关，是人类社会工程经济活动或防洪治水方略与地质环境演变方向比较长期的不相适应的结果。地质灾害主要是指崩塌（即危岩体）、滑坡、泥石流、岩溶地面塌陷和地裂缝等。

1）崩塌。崩塌是指较陡的斜坡上的岩土体在重力的作用下突然脱离母体崩落、滚动堆积在坡脚的地质现象。

2）滑坡。滑坡是指斜坡上的岩体由于某种原因在重力的作用下沿着一定的软弱面或软弱带整体向下滑动的现象。

3）泥石流。泥石流是指山区特有的一种自然现象，它是由降水而形成的一种带大量泥沙、石块等固体物质的特殊洪流。

4）地面塌陷。地面塌陷是指地表岩土体在自然或人为因素作用下向下陷落，并在地面形成塌陷坑的自然现象。

突发性的地质灾害对变电站防汛安全影响十分显著，可根据变电站站外信息调研数据将变电站地质灾害隐患划分为：处于地质灾害高发区和地质灾害正常区两种类型。

2. 区域水文特征分析

区域水文特征是开展变电站防汛风险评价的重要条件之一，调研分析内容主要为变电站周边水系分布及其水文特征、历史泄洪（溃坝）情况，降水量、蒸发量等相关资料。

（1）变电站周边河流、湖泊及其水文水系特征。调研变电站区域内河流、湖泊分布，主要调研内容包括河流流向、流域面积、支流数量及其形态、河网密度、落差等水系特征；河流的径流量、水位、含沙量、（有无）结冰期、汛期等水文特征等。

（2）变电站周边水库分布及其水文特征。调研变电站所在区域水库设置情况，对水库的设计防洪标准与设计洪水位、校核洪水标准与校核洪水位、水库库容与特征水位等信息资料进行搜集。

（3）年平均降水量。年平均降水量是指某地多年降水量总和除以年数得到的均值，或某地多个观测点测得的年降水量均值。年平均降水量是一地气候的重要衡量指标之一。

（4）年均暴雨（日降水≥50mm）频次。统计变电站所在区域年均暴雨次数及其时间分布规律。

3.3.2　站内信息搜集

1. 变电站及其主设备基本情况

包括变电站电压等级、变电站站龄、设计防洪标准、近 20 年变电站所在区域洪涝与被淹情况、是否载有重要负荷（如政府、医院、防洪闸、牵引站等）、站点内设备安全水深高度、变电站防汛物资储备等。

2．变电站阻水能力勘测

包括变电站围墙类型（如防洪墙、防洪墙＋砖混墙、普通砖混墙）和站点围墙其他参数（如围墙高度、围墙厚度等）。

3．变电站防汛储、排水能力

包括站内排水方式（如自然排水、强制排水），排水集水井容积，站内排水设备类型、数量、设备参数及总排水能力等。

3.4 变电站防汛风险评估

3.4.1 变电站防汛风险静态评估方法

1．主观赋权

采用层次分析法（AHP），将定性、定量二者相结合，完成对非定量事件的定量化分析。

（1）建立防汛风险评估模型。其具体步骤如下：

1）明确 AHP 目标为变电站防汛风险影响因素的相对权重计算；

2）将目标层选定为防汛风险影响因素权重评估；

3）确定一级因素为孕灾环境 A1、承灾体 A2；

4）确定最下层的二级因素指标为两类。

防汛风险评估模型见表 3－6。

表 3－6 防汛风险评估模型

总目标	一级因素	二级因素
防汛风险影响因素权重评估	孕灾环境 A1	地形地貌 B1
		土壤植被 B2
		水文状况 B3
		次生灾害隐患 B4
	承灾体 A2	电压等级 B5
		站址情况 B6
		排（储）水系统 B7
		防汛物资储备 B8

（2）构造成对判断矩阵。通过比较同一层次间各变量的相对重要程度，构造表示下层变量与上层变量的相对重要性判断矩阵 $\boldsymbol{I}$ 为

$$\boldsymbol{I} = (a_{ij})_{n \times n} \tag{3-11}$$

式中　a_{ij} ——标度值，表示对于上层变量，第 i 个因素与第 j 个因素的相对重要性，且满足 $a_{ij} > 0$，$a_{ji} = 1/a_{ij}$，$a_{ii} = 1$；

　　　　n ——当前层级因素的个数。

采用 9 级标度法确定标度值，标度规则见表 3-7。

表 3-7　　　　　　　　　　　　层次分析比例标度规则

标度值	定义	含义描述
1	同等重要	两因素相比，同等重要
3	稍微重要	两因素相比，前一个稍微重要
5	比较重要	两因素相比，前一个比较重要
7	非常重要	两因素相比，前一个非常重要
9	极端重要	两因素相比，前一个极端重要
2，4，6，8	以上相邻两个指标的中间值	

共构建三个判断矩阵：一是 A1 和 A2 相对于目标层的判断矩阵 $\boldsymbol{C}_1$，二是 B1~B4 相对于 A1 的判断矩阵 $\boldsymbol{C}_2$，三是 B5~B8 相对于 A2 的判断矩阵 $\boldsymbol{C}_3$。判断矩阵 $\boldsymbol{C}_2$ 示例表见表 3-8。实际标度值由专家依据实际情况进行评判。

表 3-8　　　　　　　　　　判 断 矩 阵 C2 示 例 表

	B1	B2	B3	B4
B1	1	3	3	1/5
B2	1/3	1	1	1/7
B3	1/3	1	1	1/7
B4	5	7	7	1

（3）层次单排序及一致性检测。层次单排序共三步：

1）根据判断矩阵 $\boldsymbol{C}_1$、$\boldsymbol{C}_2$ 和 $\boldsymbol{C}_3$，分别求解对应的最大特征根 λ 及其特征

向量；

2）将最大特征根 λ 归一化，得到的特征向量；

3）对判断矩阵进行一致性检测。

根据 Saaty 的结果，定义一致性指标 CI 为

$$CI = \frac{\lambda - n}{n - 1} \qquad (3-12)$$

式中　λ——判断矩阵的最大特征根；

　　　n——表示该层的元素个数。

注：当 $CI=0$ 表示具有完全一致性，当层次总排序一致性指标 $CR=CI/RI$ ＜0.1 时，认为判断比较矩阵的误差在允许范围内，可以通过一致性检测。

随机一致性指标 RI 数值见表 3-9。

表 3-9　　　　　　　　　随机一致性指标 RI 数值

n	1	2	3	4	5
RI	0	0	0.58	0.90	1

通过上述运算得到各因素在各层次内的权重。

（4）层次总排序及一致性检测。层次总排序自上而下逐层计算所有层中的元素相对于最上层的权重。

计算层次总排序一致性指标 CR 函数为

$$CR = \frac{a_1CI_1 + a_2CI_2 + \cdots + a_iCI_i}{a_1RI_1 + a_2RI_2 + \cdots + a_iRI_i} \qquad (3-13)$$

式中　a_i——A1 和 A2 相对于目标层的权值。

若计算结果一致性指标 CR 偏离程度相对较小，说明每个指标的权重值分配较合理；否则需要对判断矩阵进行调整，直至满足一致性的要求，这样可以有效避免判断矩阵中由人为主观判断造成的误差。

（5）影响因素权重计算。通过一致性检验的判断矩阵，计算每个判断矩阵的权重向量得到各指标的权重。对（3）、（4）计算权值进行加权综合，算出该层全部指标因素与最高层次的指标因素相对风险权值。逐次计算，得到最高层次最终相对排序权值。

2. 客观赋权

在信息论中，熵是对不确定性的一种度量。信息量越大，不确定性就越小，熵也就越小；信息量越小，不确定性越大，熵也越大。根据熵的特性，可以通过计算熵值来判断一个事件的随机性即无序程度，也可以用熵值来判断某个指标的离散程度，指标的离散程度越大，该指标对综合评价的影响越大。

采用熵权法综合考虑多种影响因素，根据各因素包含的信息量多少来确定每个指标的权重，可以避免主观因素的影响，使计算出的权重更加客观。

（1）构建判断矩阵。以变电设施为样本，防汛影响因素为指标，构建各样本相关指标原始判断矩阵为

$$\boldsymbol{X} = (x_{ij})_{m \times n} \tag{3-14}$$

式中　　i——样本数，$i = 1, 2, \cdots, m$；

　　　　j——各样本所含指标数，$j = 1, 2, \cdots, n$；

　　　　x_{ij}——为第 i 个样本的第 j 个指标值。

线性比例变换法标准化处理函数为

$$y_{ij} = \frac{x_{ij} - x_{j\min}}{x_{j\max} - x_{j\min}} \quad (x_{j\max} \neq x_{j\min}) \tag{3-15}$$

式（3-15）中，各样本第 j 个指标中的最大值和最小值分别为 $x_{j\max}$、$x_{j\min}$，标准化过程以 $x_{j\max}$ 及、$x_{j\min}$ 为基础定义指标的变化程度，对第 i 个样本而言，令标准化之后的第 j 个指标为 y_{ij}。

（2）影响因素熵值计算。影响因素熵值 S_j 计算函数为

$$S_j = k \sum_{i=1}^{m} N_{ij} P_{ij} \tag{3-16}$$

式中　　N_{ij}——对第 j 个指标第 i 个样本的指标值所占的比例；

　　　　P_{ij}——第 i 个样本第 j 个指标出现的概率。

N_{ij} 越大表示第 i 个样本的指标值在第 j 个指标中占比越大，且满足 $0 \leqslant N_{ij} \leqslant 1$。

N_{ij} 的计算式为

$$N_{ij} = y_{ij} / \sum_{i=1}^{m} y_{ij} \qquad (3-17)$$

P_{ij} 的计算式为

$$P_{ij} = -lnN_{ij}(N_{ij} \neq 0) \qquad (3-18)$$

系统熵值 S_{ij} 的计算式为

$$S_{ij} = \sum_{i=1}^{m} N_{ij} P_{ij} \qquad (3-19)$$

未标准化时，第 j 个指标对应的所有指标值占比相等即 $N_j = 1/m$ 时，信息熵最大为 $S_j = lnm$，且满足 $0 < S_j < 1$。引入比例系数 $k = 1/lnm$，将系统熵值 S_{ij} 转化为第 j 个指标的熵值 S_j。

（3）差异系数计算。第 j 个指标差异系数为

$$d_j = 1 - S_j \qquad (3-20)$$

对第 j 个指标（$1 \leqslant j \leqslant n$），指标值的差异较大，对评估结果的参考价值越高，熵值就越小；反之，指标值的差异较小，对评估结果的参考价值就越低，熵值就越大。

（4）影响因素权重。第 j 个指标的权重 W_j 为

$$W_j = \frac{d_j}{\sum_{j=1}^{n} d_j} \qquad (3-21)$$

3. 权重组合

博弈论是一种描述含有矛盾、对抗和合作等因素的数学方法，用于分析和研究不同行为之间相互影响以及影响后决策均衡问题的理论。评价指标的权重分配也存在"互为矛盾"的前提条件和"双赢"的最终目标。采用博弈理论对主客观权重进行组合优化，使组合权重和主、客观权重之间离差达到最小，达到权重优化的目的。

（1）权重向量集构建。在前述主观赋权和客观赋权确定权重基础上，构建权重向量集 $\omega = [\omega_{k1}, \omega_{k2}, \cdots, \omega_{kn}]$ $(k = 1, 2, \cdots, t)$，引入权重组合系数 $\boldsymbol{\beta} = [\beta_1, \beta_2, \cdots, \beta_t]$，得到权重线性组合 ω 为

$$\omega = \sum_{k=1}^{t} \beta_k \omega_k^{\mathrm{T}} \quad (k = 1, 2, \cdots, t) \qquad (3-22)$$

式中　　t——权重确定方法的个数；

　　　　β_k——第 k 个权重组合系数；

　　　　ω_k——第 k 种方法确定的各指标权重向量。

（2）权重组合系数 $\boldsymbol{\beta}$。通过下式使 $\boldsymbol{\omega}$ 和 ω_k 之间的离差达到最小，得到权重组合系数 $\boldsymbol{\beta}$，即

$$\min\left\|\sum_{k=1}^{t}\beta_k\omega_k^{\mathrm{T}}-\omega_k\right\|_2 \quad (k=1,2,\cdots,t) \qquad (3-23)$$

（3）组合权重计算。对权重组合系数进行归一化处理，得到优化权重组合系数 $\boldsymbol{\beta}^*$，代入式（3-25）得到组合权重 $\boldsymbol{\omega}^*=[\omega_1,\omega_2,\cdots,\omega_n]$。

$$\boldsymbol{\beta}^*=\frac{\beta_k}{\sum_{k=1}^{t}\beta_k} \quad (k=1,2,\cdots,t) \qquad (3-24)$$

$$\boldsymbol{\omega}^*=\sum_{k=1}^{t}\boldsymbol{\beta}^*\omega_k^{\mathrm{T}} \quad (k=1,2,\cdots,t) \qquad (3-25)$$

4. 风险等级的确定

变电设施防汛风险综合评估分数 Z 为

$$Z=\boldsymbol{\omega}^*\boldsymbol{F}^{\mathrm{T}} \qquad (3-26)$$

式中　　$\boldsymbol{\omega}^*$——各影响量的组合权重；

　　　　$\boldsymbol{F}$——正向化处理数据矩阵。

依据表 3-10 确定变电设施防汛风险防护等级。

表 3-10　　　　　　　　变电设施防汛风险防护等级

综合评估分数	变电设施防汛风险防护等级
＞90	Ⅰ
75～90（含）	Ⅱ
60～75（含）	Ⅲ
＜60	Ⅳ

3.4.2　变电站防汛风险动态评估方法

为构建科学合理的动态评估体系，需要对影响变电站防汛能力的多方面

风险源进行分析，基于构建的变电站防汛影响因素致灾性分析模型，叠加以实时气象为主的致灾因子影响因素，从而实现实况条件下的电网防汛能力数字化动态评估。根据三类因素（即孕灾环境、承灾体、致灾因子）的风险等级，将三者有机结合综合考虑对电网设备设施防汛能力的影响情况。构建的变电站防汛能力动态风险评估体系如图 3-2 所示。

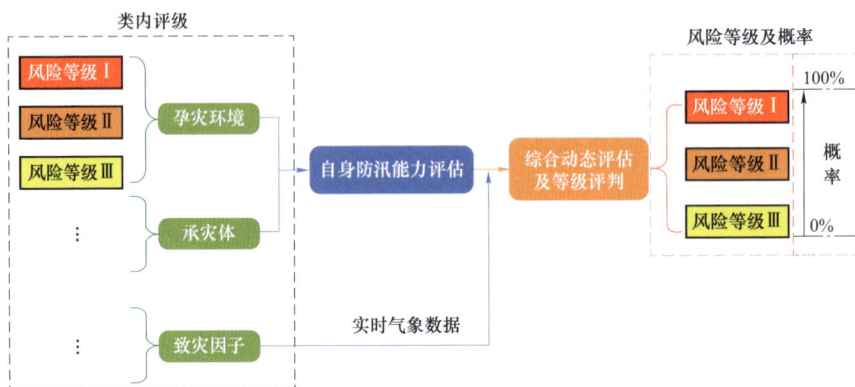

图 3-2　变电站防汛能力动态风险评估体系

在构建的防汛能力动态风险评估体系的基础上，首先对变电站防汛核心特征量进行提取，然后构建贝叶斯网络评价模型对提取后三类影响因素分别进行评估并输出风险概率值。由于孕灾环境因素中，气候条件、地形地貌、土壤植被及水文状况这些影响变电站设备设施防汛能力的重要环境因子，存在较大的时空变异性和不确定性，难以量化表达，因此可以利用专家的经验知识进行主观引导，对统计数据进行量化评价。利用贝叶斯网络评价模型既可根据各影响因素的区间隶属度来确定不同因素的风险等级，又可通过数据驱动获得各变量之间潜在的因果关系。

1. 基于互信息的 mRMR 算法

mRMR 算法是一种基于互信息的启发式特征选择算法，该算法根据互信息计算特征与属性之间的关联性，对原始特征进行排序，获得关联性较高且冗余信息较少的特征集。mRMR 算法流程如图 3-3 所示。

mRMR 算法的主要目标就是找出含有 m 个特征的特征集 S_m，m 个特征需要满足两个条件：

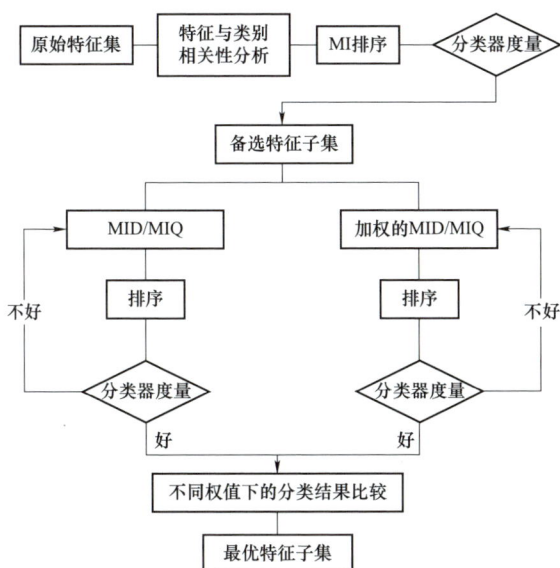

图 3-3　mRMR 算法流程

（1）保证特征和属性的相关性最大，即 Max-Relevance。最大相关度使用同一属性中所有特征 {X} 互信息的平均值来实现的。基于这种特征，$\max_{i \in S} D(S)$ 定义为

$$\max_{i \in S} D, D(S, c) = \frac{1}{|S|} \sum_{i \in S} I(x_i, c) \qquad (3-27)$$

式中　S——特征子集；

　　　x_i——所有特征 {x} 中的第 i 个特征；

　　　c——属性。

由式（3-27）可知，$\max_{i \in S} D(S)$ 越大，特征与属性之间的关联性越大。

（2）保证特征之间的冗余性最小，即 Min-Redundancy。基于 Max-Relevance 选取的特征往往存在冗余特征，即特征之间存在相同信息，冗余特征之间具有较大的依赖性，适当去除一些冗余特征，可以提高模型训练效率，且对模型结果影响很小。基于这种特征，定义 $\min_{i \in S} R(S)$ 为

$$\min_{i \in S} R, R(S, c) = \frac{1}{|S|^2} \sum_{i \in S} I(x_i, x_j) \qquad (3-28)$$

式中　$I(x_i, x_j)$——特征 x_i、x_j 之间的互信息。

mRMR 结合了 Max-Relevance 和 Min-Redundancy 思想，并通过两种形式表达，即信息熵和信息差。

信息熵

$$\max \Phi_1(D,R), \Phi_1 = D / R \qquad (3-29)$$

信息差

$$\max \Phi_2(D,R), \Phi_2 = D - R \qquad (3-30)$$

在实际使用中，通常使用增量搜寻方法寻找近似最优的特征。例如已经选取了 $m-1$ 个特征，剩余任务就是从 $X-S_{m-1}$ 个特征中选取第 m 个特征。增量搜寻公式为

$$\max_{m \in X-S_{m-1}} \left[I(x_m,c) - \frac{1}{|S_{m-1}|} \sum_{i \in S_{m-1}} I(x_m,x_i) \right] \qquad (3-31)$$

变电站防汛核心特征量提取后，根据得到的结果，利用得到的影响因素，运用贝叶斯网络进行等级评价。

2. 贝叶斯网络评价模型构建

贝叶斯网络评价模型的构建主要有三种途径：根据专家知识建立、根据数据库自学习建立和结合上述两种途径综合建立。

贝叶斯网络评价模型构建的主要步骤有：

（1）确定网络结构中的节点取值和节点值域。根据上述构建贝叶斯网络评价模型的途径可知，确定网络结构中的节点取值和节点值域可以通过专家知识和历史统计数据获得。通常利用专家经验选取相关的因素变量作为节点，当然这种方式有一定的局限性，但是目前最快捷、最容易操作的一种途径。

（2）构造网络结构。所谓构造网络结构，就是要确定节点变量之间的逻辑关系，剔除不可能和无意义的逻辑，根据所选取的网络节点来构造贝叶斯网络评价模型的有向无环结构。

（3）确定概率分布。确定概率分布包括确定根节点的先验概率和子节点的条件概率，主要通过历史资料统计数据和专家经验得到。通过历史资料和统计数据获得概率分布，根据选取的节点进行分类，以概率的方式统计在某个范围内的概率值，此处范围即节点值域；专家经验确定概率分布一般以问

询或者专家调查得到。

贝叶斯网络模型构建流程如图 3-4 所示。

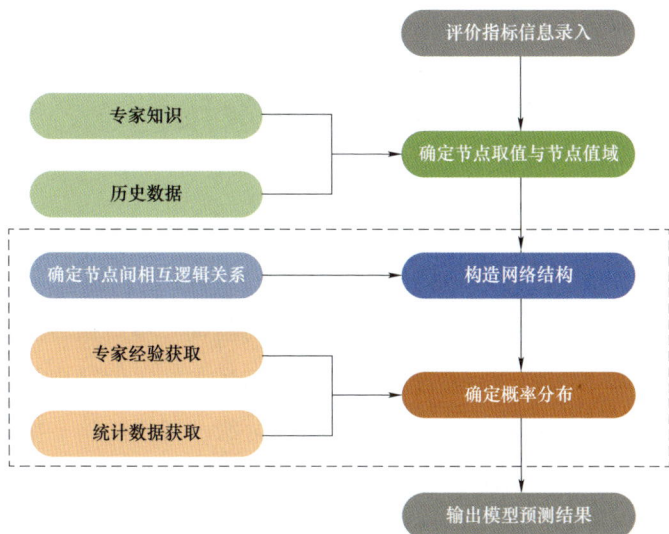

图 3-4　贝叶斯网络评价模型构建流程

根据上述步骤进行基于贝叶斯网络评价模型的变电站防汛能力动态评估模型建立，将变电站防汛风险评估预测体系中的三类影响因素与贝叶斯网络结构的节点一一对应，其中根节点为各个具体影响因素，包括气候条件、地形地貌、土壤植被、水文状况、山洪泥石流隐患、降水量、温度、风速、湿度、电压等级、设施内排（储）水能力、站内面积、设备安全水位高度、防汛物资储备量等；三类影响因素类别作为中间子节点，即孕灾环境、致灾因子和承灾体；目标节点即为最终的动态风险评估模型，模型的网络结构如图 3-5 所示。

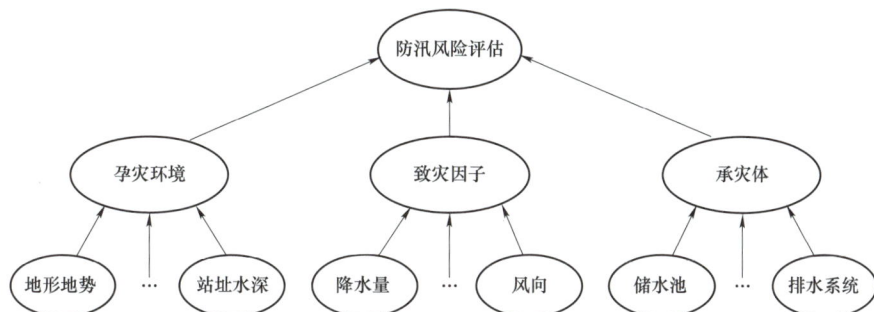

图 3-5　基于贝叶斯网络的变电站防汛能力动态评估模型的网络结构

第 4 章

变电站防汛风险预警

暴雨监测和预报是变电站防汛风险预测的基础。本章在介绍暴雨监测和预报技术和方法的基础上，建立了基于强降雨预测结果的变电站防汛风险预测模型，并对国网河南省电力公司防汛事件分级、防汛险情分级和应急响应行动分级等汛情预警规则进行介绍。

4.1 暴雨监测和预报

4.1.1 暴雨探测技术与装备

随着科学技术的迅猛发展，大气监测手段呈现出多样化的趋势，建立起了包括地基、天基和空基在内的气象探测网络，使观测数据的时空覆盖率大大增加，实时性显著提高，从而使得暴雨的监测能力得到了很大改善。

1. 多普勒天气雷达

多普勒天气雷达是一种以多普勒效应为基础的探测仪器，不仅可以探测云雨回波强度，由此定量估计暴雨量，而且可以获得暴雨天气系统及其周围大气的风场信息，包括风向、风速和湍流等，由此推测和估算暴雨未来的发展趋势。预报员通过对雷达回波和云的图像、系统移动速度和移动方向等进行分析，及时捕捉到暴雨来临，其发生、发展过程和状态的信息，对于暴雨的预报和预警有着非常重要的作用。在总结国外天气雷达优点的基础上，充分吸收近年来计算机技术和微电子技术的最新成果，我国开发和研制了新一代多普勒天气雷达，最大探测距离半径为 460km，具有良好的多普勒测速能力，对暴雨、冰雹、龙卷风等灾害性天气有很强的监测和预警能力。新一代多普勒天气雷达具有良好的定量测量回波强度的性能，可以定量估测大范围降水；而且它是智能型的探测系统，除了实时提供各种图像分析的信息外，还具有准实时的对多种灾害性天气的自动识别、追踪等功能。

2. 风（温）廓线雷达

风（温）廓线雷达是垂直指向的、具有晴空探测能力的多普勒雷达。风（温）廓线雷达是自动化程度较高的气象探测设备，由计算机控制，自动切换波束指向探测，自动采集数据，自动处理形成产品，自动传达信息，可以明显地提高大气探测数据的精度和时空分辨率，对大气进行连续不间断地全天候观测，提供大气风场和温度廓线。风（温）廓线雷达能够观测与中尺度有关的垂直运动，其最显著的优点是对过境天气系统进行连续的时间和垂直观测，并记录较小尺度特征的信息，因而对预报影响较大的天气过程和局地天气现象很有帮助。边界层风（温）廓线雷达是风（温）廓线雷达的一种，广泛应用于大气边界层空气质量、中尺度监测和预报、垂直风切变、湍流等方面的研究中，对暴雨的监测和研究也具有重要作用。

3. 气象卫星

气象卫星携带着各种气象遥感器，能够接收和测量地球和大气的可见光、红外与微波辐射，并将它们转换成电信号传动到地面。地面接收站再将电信号复原绘制成各种云层、地表和海洋的图像（如云图），显示天气变化趋势，是对暴雨等强对流天气系统进行监测、预警和预报等最为常用而又非常有用的手段之一。同时，将气象卫星资料同化后输入到数值预报中，可以明显地提高预报准确率。根据卫星轨道位置的不同，气象卫星可以分为极轨卫星和静置卫星两大类。极轨卫星每天扫过地球表面两次，可以获得全球的气象资料；静止卫星可以对地球近 1/5 的区域连续进行气象观测，实时将资料送回地面。到目前为止，世界各国共发射了 100 多颗气象卫星，利用气象卫星云图资料监测暴雨，虽仅限于半定性半定量的估算，但对暴雨洪涝的防灾和减灾工作起到了很大的作用。卫星云图可以反映暴雨过程的行星尺度和天气尺度特点，尤其是其中的中尺度暴雨云团的活动与演变，解释暴雨过程中天气尺度系统与中尺度系统间的相互作用，可以表明暴雨中心位置、雨区范围以及雨区移动方向，同时可以作为数值天气和气候模式的一种输入资料，帮助确定初始条件，对暴雨天气的预报起到积极作用。

4. 自动气象站

气象站是获取气象资料的常规手段，然而由于常规气象站的分布较稀疏，而且一日之内只有几次定点的观测记录，使得其对暴雨等中尺度天气系统的监测非常有限。自动气象站能够连续不间断的运行，获取各种高时间分辨率的气象数据，已成为常规气象站观测的有力补充手段。自动气象站可以将风、温、压、湿、降水等气象要素通过机电、光电或电磁转换等变成电信号，然后将电信号转换处理成相关的数字信号，并由存储器对观测数据进行记录，最后由通信电路负责完成观测数据的传输。其具有采集精度高，数据量相对较小，可靠性高，性能好，功耗低等优点，可对暴雨的强度、持续时间等进行很好的监测。

5. 水汽监测

水汽监测在天气预报和气候研究领域占有很重要的地位，一般可以用高空探空直接获得，也可由卫星水汽通道与雷达等手段反演得到。随着 GPS 技术的发展及其与气象学的交叉融合，使得 GPS 技术成为水汽监测的一种先进手段。GPS 即全球导航定位系统，主要由空间星座、地面监控和用户设备三部分组成。根据 GPS 接收机的位置，可将 GPS 遥感技术分为地基和空基两种。地基 GPS 气象遥感技术是利用地球表面上静置的 GPS 接收机接收 GPS 卫星信号，以连续对地球大气参数进行测量。空基 GPS 气象遥感技术主要利用安置在人造卫星平台上的 GPS 接收机接收 GPS 卫星信号，然后采用掩星法对气象参数进行测量。利用实时的高时空密度 GPS 水汽遥感资料，结合同一时段气象卫星和多普勒天气雷达资料，分析中小尺度天气系统特征，尤其是水汽总量的时空分布与强对流系统演变之间的关系，可以改善中小尺度天气系统的预警能力。将 GPS 反演的大气水汽含量同化到数值预报中，可明显提高预报准确率。GPS 遥感技术可以比较精确地反演大气垂直积分水汽含量或对流层大气水汽总量，即降水量，具有不受降水影响、时间分辨率高和设备维护简单等优点。目前，GPS 遥感探测技术还处于探索和试验阶段，有待进一步的研究和发展，以推进其在水汽监测和预测中的应用。

6. 移动气象监测

移动气象监测以其灵活、机动性强的特点，成为暴雨等中等尺度灾害性天气监测的重要补充探测手段。移动气象监测系统主要由各种车载监测装备组成，包括车载边界层探测设备，车载快速空气质量检测设备和气体分析仪器，气象传感器，通信系统计算机高速处理与显示系统等。这种监测方式可以快速地将实时观测资料反馈到气象部门，从而提高现场气象服务的质量。随着计算机、通信和大气探测技术的快速发展，移动气象监测系统将向着双向高速宽带通信、搭载探测设备多样化的方向发展，不断提高天气预警能力。

4.1.2　暴雨中、短期预报方法

在我国 1～2 天（24～48 小时）的预报被称为短期预报，3～5 天的预报被称为中期预报。中期暴雨预报较为困难，目前只能给出展望和潜在的暴雨发生区。主要依据是数值中期预报产品（可到 196 小时），并辅之以气候背景和其他经验与统计方法的结果。

目前暴雨的短期预报主要是根据各种方法的综合结果由预报员做出的。总的来说可以划分为主观预报和数值预报两类方法。主观预报方法包括外推（线性与非线性）、气候概率、决策树（类似于预报流程）、模式产品应用和模式认辩等。这些方法主要预测暴雨发生的趋势。具体的落区和落时要由数值模式，物理模式和诊断分析做出。由主观预报方法得到的结果须与客观的数值预报方法相结合最后做出暴雨预报。数值预报由于需要一定的启动和调整时间，对临近预报的重要性很小（几小时内）。数值预报在 12～24 小时期间起主要作用，尤其是中尺度数值模式在预报 24 小时的大部分时间内要比大尺度数值模式预报好。但 1 天之后，贡献率低于大尺度模式，所以大尺度数值预报模式在 1 天之后成为短期和中期天气预报的主要依据。我国暴雨短期预报主要预报使用方法有以下六种。

1. 全球和区域数值预报

在国际上目前可使用的数值预报产品主要来自欧洲中期天气预报中心（EC），日本气象厅和德国。EC 的数值预报可以提供直到 7 天的有用预报结果，因而是大形势预报和中期降水以及暴雨预报的主要依据；日本和德国的数值预报对于暴雨预报有直接的参考价值；我国的全球数值预报模式（T213L31）可以提供 5 天的预报结果，对形势预报和降水/暴雨预报可以提供有用的指导和参考，另外国家气象中心使用的区域模式（HALFS 与 MM5 模式）对于暴雨也有参考价值。

2. 物理或概念模式法

依据对大量暴雨个例的详细分析结果，或利用综合法得到某类暴雨天气系统发生发展的物理条件、演变过程及其与暴雨发生的关系，总结出暴雨的概念模型，清楚地表明暴雨发生的物理条件和演变过程及其与暴雨发生的关系。

3. 物理量的落区预报方法

夏季暴雨出现在高温、高湿、层结不稳定，并有大尺度上升运动的区域。如果未来预报区域内满足上述四个条件，就预报在该区域有暴雨出现的可能性，该预报称作暴雨落区预报。可以用各种指标或指数来表征上述四个暴雨发生的条件，它们的等值线共同包围区一般被看作未来暴雨的落区。一般由落区预报所确定的范围包括一、两个省的面积，而暴雨真正出现的区域却比较小。因此，就须进一步预报上述区域中哪些部位会出现暴雨，什么时候出现，该预报称作暴雨的落点、落时预报（所谓精细预报）。

4. 数值预报产品的释用

利用统计方法可以建立数值预报产品与局地区域预报量之间的统计关系，这就是数值预报产品的释用。过去 MOS（模式产品输出）和 PP（完全预报法）是降水和暴雨预报的两个主要方法，目前主要采用 MOS 方法。配料法是针对中小尺度天气系统的一种预报方法，可用于暴雨等天气预报。配料法认为造成暴雨和强对流主要由三个要素（或成分），即抬升、不稳定层结、水汽决定。当上述条件同时存在时，才会造成深对流，形成暴雨，缺少其中任何一个，可以产生一些重要天气现象，但不是深厚湿对流，因此该方法强调了对降水事件的发展和强度有重要影响的基本物理量和正确搭配。

5. 统计预报方法

在暴雨预报的早期发展阶段，统计预报方法是主要的预报方法，即使是在以数值预报为主的今天，统计方法仍然是数值预报的重要辅助方法之一。目前统计方法已与数值预报输出产品相结合，直接通过数值预报产品的输入量与预报量之间建立各种统计关系来预报天气。

6. 暴雨预报专家系统

暴雨预报专家系统一般由知识库、数据库和控制推理程序等三部分组成，其核心是知识库和推理机。有些专家系统还包括解释与知识获取的部分功能。

4.2　降水量测量方法

降水是从云中降落或从大气沉降到地面的液态或固态的水汽凝结物，包括雨、雹、雪、露、雾凇、白霜和雾降水。在一段时间内降落到地面的降水总量用降水所覆盖的水平地表面的垂直深度来表示。降水观测在国民经济发展、国防建设服务中有重要作用，如防洪、抗旱、减灾、水利工程的设计、工农业生产等。准确的降水数据能为相关部门科学决策提供重要依据，同时还与人民的生产、生活息息相关，因此降水观测的准确性就显得尤为重要。

降水信息的测量是气象信息测量中的一个非常重要的方面，在防汛抗旱工作中发挥着非常重要的作用。可靠性和时效性高的降水信息测量结果是指挥人员能够正确决策的前提。降水信息的准确性，可以帮助人们在汛期进行有效的监控，并且及时做出正确的决策。长期以来，在信息采集的方面，我国大多数的雨量站采用半人工采集或人工采集这两种采集方式；在信息传输的方面，采用比较滞后的方式进行信息采集，如电话、超短波等形式，这种滞后的信息传输方式很大程度地降低了降水信息测量的实时性。随着现代通信技术、传感器技术和计算机技术的发展，降水信息测量采集过程的自动化已经成为一种越来越普遍并且有效的方式，具有可靠、实时及无人值守等优点。在降水信息实际采集的过程中，想要提高降水测量信息的精确度，就意味着必须要提高降水检测系统的传感器的精确度，与此同时如果想要保证降水测量信息的准确性与实时性就必须将降水测量的数据及时上传到监控系统，以便检测人员及时、有效地作出正确处理和判断。因此降水测量传感器的准确度、合适恰当的通信方式就成为降水信息的采集自动化的重要因素。

雨量传感器是一种感知降水量信息的装置，并将感知到的降水信息按一定规律转换成电信号，以满足降水信息的采集、处理、显示和控制等要求，来实现降水信息的在线监测功能。国外降水测量的应用开发处于领先地位，普遍地应用计算机技术和物联网技术，出现了一些如基于光强衰弱技术的降水测量仪器、基于光散射技术的降水测量仪器、基于图像采集技术的降水测量仪器等新型的雨量测量仪器。常见的雨量计有以下几种。

4.2.1 虹吸式雨量计

虹吸式雨量计根据虹吸原理设计的，其主要结构包括进水水口、浮子室（包括浮筒和虹吸管等）、自记钟、筒形外壳等部件。有降雨时，雨水进入浮子室，水位升高，浮了上升，与浮子相连的笔杆也随之上升，自记钟跟着旋转，画笔可以在以降水量和时间为坐标的纸上记录降水量的变化曲线，当水位到达预定高度，画笔也上升到刻度纸顶端，此时，水位也达到了虹吸位置，即完成一次虹吸过程；然后，浮子回到最初的位置，周而复始的记录；根据这些记录的曲线，可以计算出一段时间内的降水总量和强度。

虹吸式雨量计结构简单、使用方便、性能稳定，因而被各级雨量站普遍使用；但是由于其设计原理上的局限性，不能将降水量信息转变为电信号信息输出，即没有实现降水量信息的自动化采集。

4.2.2 翻斗式雨量计

翻斗式雨量计是一种机械式双稳态的结构，使用中间隔板分开两个完对称的小三角形容器，隔板绕着水平轴旋转，类似于跷跷板原理。当有降水时，两侧小三角形容器轮流接雨水，直到一侧装满，由于雨水重力的作用，将小三角形容器内的雨水倾倒，使得小三角形容器不断的左右翻转，在翻斗轴上，固定磁钢，漏斗下方安装干簧管，每翻转一次，使得干簧管通断状态发生一次改变，输出一个脉冲信号（开关信号），代表降水量0.1mm，从而实现降水量自动测量。

翻斗式雨量计有一个固有的误差，当雨水流入翻斗里并达到翻斗翻转的水量时，翻斗开始翻转，在翻转期间的降水量便无法测得。由于翻斗式雨量计内存在一定的机械结构，长期在野外复杂环境下工作时，机械动作部分容易产生锈蚀和磨损，因此需要定期进行日常维护。

4.2.3　称重式雨量计

称重式雨量计利用一个载荷元件，将储雨筒和储雨筒所收集的雨水的整体质量进行连续记录。不论固体或是液体的降水，在其落入收集筒后就被记录下来。此类雨量计没有自动倒水的功能，其储雨筒的容积从 150～750mm 不等，相当于雨量计的量程。由于称重式雨量计是对降水进行实时的称重，为了测量较为准确，要尽可能减少蒸发带来的雨量损失，所以一般会往储雨器中添加一定量的油或是其他可以抑制蒸发的液体，在雨水表层上形成抑制蒸发的薄膜。通常在大风天气时，风力的作用会破坏平衡导致难以测量，可通过一种油阻尼装置来降低强风的作用力，也可以设计一个微型处理器，直接用测量数据输出上消除此类效果的影响。由于称重式雨量计是对降水进行计重，不需要融化固态降水，因此特别适用于测量雪、冰雹、雨夹雪等包含有固态粒子的降水。冬季较为寒冷时，可以向储雨器中注入防冻液来防止降水冻结。

4.2.4　光学式雨量计

光学式雨量计是基于光学原理的降水探测技术。随着技术的发展，光学式雨量计可以通过瞬时的降水粒子来构造二维或三维的图像，对图像进行分析处理，获得瞬时的降水量。现阶段光学式雨量计工作原理主要基于光强衰减法、光散射法和图像采集法。

1. 光强衰减法

光强衰减法可根据探测降水粒子对检测光的衰减信息，测量粒子的降速及尺寸。从光源发出一束薄而宽的平行光作为检测光，检测光薄而宽，经过有降水粒子下落的检测区后，被汇聚打入接收端。检测区域下落的降水粒子对片光的遮挡作用导致检测光的光强衰减，其衰减量与粒子尺寸有关，粒子的降速与通过采样区域的时间有关。通过获取检测区域降水粒子所产生的脉冲信号，以及通过检测区域所用的时间来确定粒子的尺寸和降速。

2. 光散射法

光散射法测量降水粒子是利用降水粒子在可见光或是近红外光波段的散

射效应其主要基于光的衍射理论和米氏（Mie）散射理论，工作原理是：激光束经准直扩束后照射到待采样的粒子场，光照射在粒子上后发生散射，采用一个或者两个接收器接收被降水粒子散射的信号，得到与被照射粒子尺寸分布相对应的数字信号，对此信号进行优化处理，得出检测区域中下落粒子的粒径分布。

3. 图像采集技术

图像传感一般是通过电荷耦合元件（CCD 图像传感器）、互补金属氧化物半导体集成器件（CMOS 图像传感器），或光电二极管阵列传感器（DAD 检测传感器）获取降水粒子的 2D/3D 图像，再直观地根据粒子的图样特征，来识别降水粒子形态判定降水类型。图像采集包括连接传感器的采集卡、数据处理算法及计算机系统，处理采集到的图像信号转化为实时的降水信息。

光学雨量计具有免维护时间长、适应性好等特点，可以广泛应用于恶劣环境下的自动雨量监测。光学雨量计在暴雨、山洪、泥石流等灾害性降水天气的自动监测、预警中起着关键作用，但成本较高是其现阶段没有被大面积推广应用的主要因素。

4.2.5 压电式雨量计

压电式雨量计是运用雨滴冲击测量原理对降水雨滴的质量进行测量并获取相关数据，进而计算降水量。雨滴在下落阶段受到自身质量和空气摩擦的影响，因此雨滴在即将抵达地面时的速度恒定不变，通过测量雨滴对雨量计的冲击力便可求出雨滴质量，从而可获得当前降水量和降水强度。压电式雨量计可以有效监测暴雨和持续降水，并开展预报预测工作。

4.3 基于强降水预测结果的变电站防汛风险预测

4.3.1 变电站防汛数据集分析

对于某一变电站防汛风险预测，其基础信息是针对该站实际防汛情况衍生的不变的数据，属于静态影响因素；微气象数据是实时变化的外部环境影响因素，属于动态监测数据。由此可将防汛数据集划分为静态数据、动态监测数据两部分。

变电站防汛静态数据来源于设备管理系统，该数据记录了变电站固有信息并长期保持不变，以往使用这些信息对变电站防汛风险能力进行静态工程方法的评估。变电站防汛动态监测数据来源于各站建立的微气象站，所得的气象数据由雨量、温度、风速三维组成。动态监测数据是以 1 小时为间隔采样的，属于时序数据，会影响变电站实时防汛能力。由于静态数据量不会随着时间的变化而改变，直接和动态监测数据放入单一模型进行评估会掩盖动态数据的影响，而动态数据又是实时评估的关键，最终导致评估结果不准确。

4.3.2　基于 LightGBM 的静态数据评估模型

针对变电站防汛静态数据的样本容量不多以及特征维度较多的特点，使用轻量级梯度提升机（Light Gradient Boosting Machine，LightGBM）作为评估变电站防汛风险的子模型。

将变电站防汛数据集中静态数据的历史值 $x_i = \{x_{i1}, x_{i2}, \cdots, x_{iq}\}$ 作为输入特征矩阵，对应的风险能力评估概率值作为输出量 y。由此变电站防汛静态数据可以表示为 $D = \{(x_i, y), i = 1, 2, \cdots, n\}$。使用 D 中样本依次训练 k 棵回归树，且根据前树的评估效果建立树。其中使用基于直方图的特征离散化降低内存消耗、加快运行速度。待 k 棵回归树全部建成，将其评估值之和作为评估结果 $\hat{y}_i$ 进行输出，即

$$\hat{y}_i = \sum_k^K f_k(x_i) \tag{4-1}$$

则使用静态数据的 LightGBM 变电站防汛风险评估算法流程如图 4-1 所示。

4.3.3　基于双向 LSTM 的动态监测数据评估模型

由于变电站防汛动态监测数据是以 1 小时为时间间隔记录的，相邻数据之间存在时序关系，机器学习算法不能挖掘出与时间相关的信息。由此引入

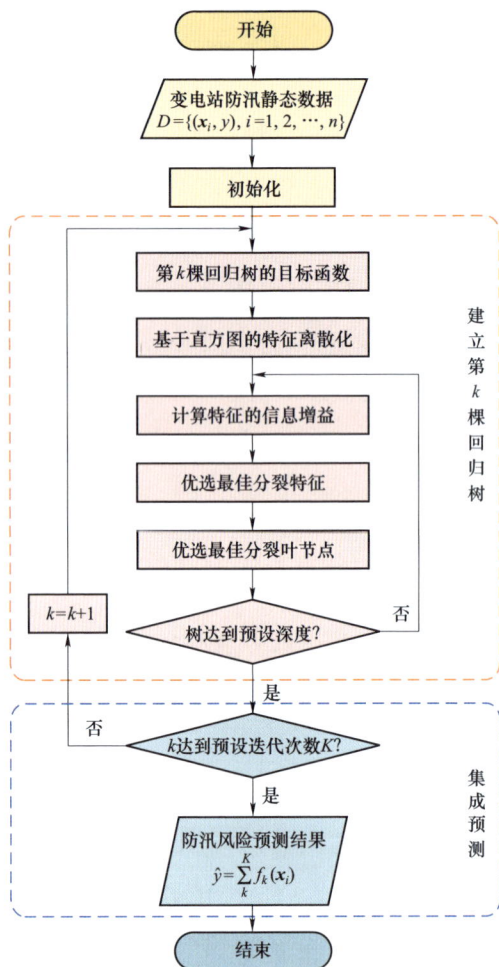

图 4-1 基于静态数据的 LightGBM 变电站防汛风险评价算法流程

LSTM 网络，该网络不仅可以学习到时间序列中前后输入的关系，还能解决长期依赖问题，有效处理跨度较长的时间数据，满足了变电站防汛动态监测数据的序列依赖特点，提升了变电站防汛风险评估的可靠性。

双向 LSTM 是 LSTM 的改进算法，LSTM 的信息仅由前序数据流向后序，而变电站防汛数据具有完整序列依赖性，因此，在 LSTM 的基础上，通过引入双向记忆策略，即双向 LSTM 算法，以更好地利用变电站强降水预测数据，从而获得更好的时序预测结果。

双向 LSTM 在原有 LSTM 的正向记忆结构上引入逆向记忆结构，获得的网络结构如图 4–2 所示。图中，$\vec{h}(i)$ 和 $\overleftarrow{h}(i)$ 分别为 i 时刻的正向记忆层输出和逆向记忆层输出，拼接两者后获得完整的隐藏层输出 $h(i)$。

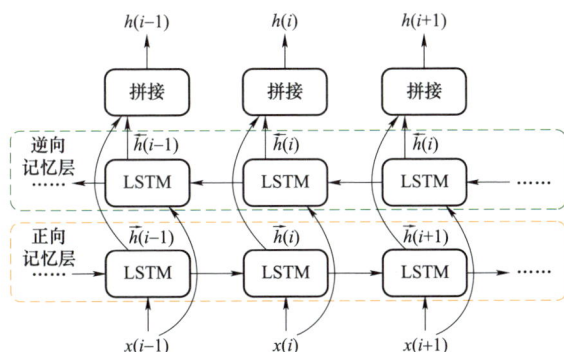

图 4–2　基于双向 LSTM 的网络结构

对于变电站防汛数据，在使用混杂预测模型时，先要对提供的多维时间序列数据进行一定的格式化，应用数据预处理技术对数据进行降维和标准化操作，转换为能够被预测模型高效利用的内部数据。在数据预测环节，输入动态变化的致灾因子因素的历史数据与预测数据，使用双向 LSTM 预测模型输出未来时刻的防汛能力数值。由于不同因素对变电站设备设施防汛能力的影响程度不一样，对多维时间序列进行预测时，能够支持对各序列维度的权重配置。通过提供的数据和合理的预测参数配置，得到未来的预测结果。

通过双向 LSTM 混杂预测模型，既考虑了前序数据对后序发展趋势的作用情况，也考察了后序数据对前序信息的潜在影响，满足了变电站防汛数据的完整序列依赖要求，提升了变电站防汛风险预测的可靠性。

4.3.4　基于强降水预测结果的变电站防汛风险模型

信息熵可表示评估模型的偏差程度，熵权分配法则在此基础上，对评估偏差大的子模型分配较小的权重，从而提升评估模型准确性。其能根据子模型的准确性分配权重，获得较高的准确度。基于熵权分配法，在对变电站防汛数据进行分析的基础上，提出如图 4–3 所示的基于强降水预测结果的变电

站防汛风险组合评估算法模型。针对变电站防汛数据特点，构建基于
LightGBM 的静态数据评估子模型、基于 LSTM 的动态监测数据评估子模型，
模型组合则采用熵权法进行权重分配。

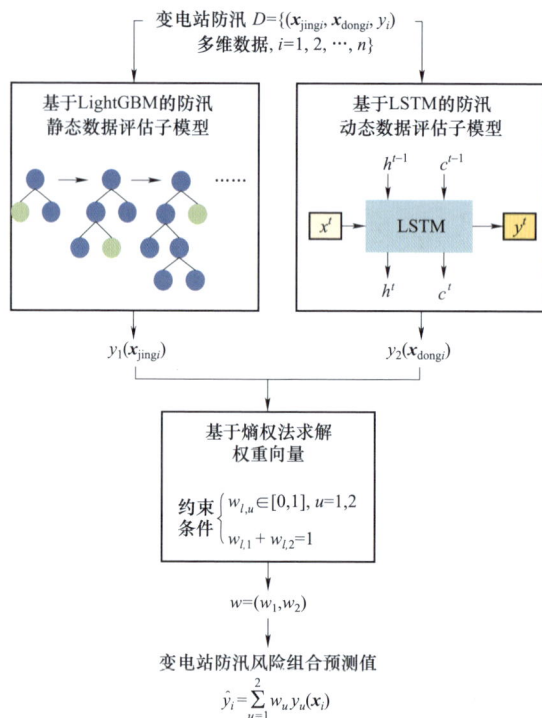

图中内容：

变电站防汛 $D=\{(\boldsymbol{x}_{jingi},\boldsymbol{x}_{dongi},y_i)$
多维数据，$i=1,2,\cdots,n\}$

基于LightGBM的防汛
静态数据评估子模型

基于LSTM的防汛
动态数据评估子模型

h^{t-1} c^{t-1}

x^t LSTM y^t

h^t c^t

$y_1(\boldsymbol{x}_{jingi})$

$y_2(\boldsymbol{x}_{dongi})$

基于熵权法求解
权重向量

约束条件 $\begin{cases} w_{l,u}\in[0,1], u=1,2 \\ w_{l,1}+w_{l,2}=1 \end{cases}$

$w=(w_1,w_2)$

变电站防汛风险组合预测值

$$\hat{y}_i=\sum_{u=1}^{2}w_u y_u(\boldsymbol{x}_i)$$

图 4-3　基于强降水预测结果的变电站防汛风险组合评估算法模型

4.4　汛情预警规则

4.4.1　防汛突发事件及分级

1. 洪涝灾害事件分级

根据洪涝灾害事件的危害程度、影响范围、经济损失、救灾恢复能力等
因素，国网河南省电力公司（下称"公司"）洪涝灾害事件分为四级：特别重
大事件、重大事件、较大事件、一般事件（见表 4-1）。

表 4-1　　　　　　　　　　　洪 涝 灾 害 事 件 分 级

洪涝灾害事件分级	分级依据
特别重大事件	政府或上级部门确定为特别重大洪涝灾害事件，或者直接经济损失达到《国家电网有限公司安全事故调查规程》所规定的 1 亿元以上
	洪涝灾害造成电网设施设备大范围损毁，减供负荷或停电用户数达到《电力安全事故应急处置和调查处理条例》所规定特别重大事件条件
	公司应急领导小组视洪涝灾害危害程度、救灾能力和社会影响等综合因素，研究确定为洪涝灾害特别重大事件
重大事件	政府或上级部门确定为重大洪涝灾害的事件，或者直接经济损失达到《国家电网有限公司安全事故调查规程》所规定的 5000 万元以上 1 亿元以下
	洪涝灾害造成电网设施设备大范围损毁，减供负荷或停电用户数达到《电力安全事故应急处置和调查处理条例》所规定的重大事件条件
	公司应急领导小组视洪涝灾害危害程度、救灾能力和社会影响等综合因素，研究确定为洪涝灾害重大事件的
较大事件	洪涝灾害造成的直接经济损失达到《国家电网有限公司安全事故调查规程》所规定的 1000 万元以上 5000 万元以下者
	洪涝灾害造成电网设施、设备较大范围损坏，减供负荷或停电用户数达到《电力安全事故应急处置和调查处理条例》所规定的较大事件条件
	公司应急领导小组视洪涝灾害危害程度、救灾能力和社会影响等综合因素，研究确定为洪涝灾害较大事件
一般事件	洪涝灾害造成的直接经济损失达到《国家电网有限公司安全事故调查规程》所规定的 100 万元以上 1000 万元以下者
	洪涝灾害造成电网设施、设备较大范围损坏，减供负荷或停电用户数达到《电力安全事故应急处置和调查处理条例》所规定的一般事件条件
	公司应急领导小组视洪涝灾害危害程度、救灾能力和社会影响等综合因素，研究确定为洪涝灾害一般事件

注　出现上述洪涝灾害事件分级中任一种情况时，即将其定为该级别洪涝灾害事件。

2. 洪涝灾害预警分级

通过省（市）防汛抗旱指挥部及气象部门发布的灾害预报，上级单位、部门发布的恶劣天气预警，以及设备灾害在线监测装置等不同监测方式获取风险信息，公司对监测到的异常信息进行分析后，根据洪涝灾害事件级别、可能造成的危害和影响范围，洪涝灾害预警级别分为一级、二级、三级和四级，依次用红色、橙色、黄色和蓝色表示，一级为最高级别（见表4-2）。

表 4-2　　　　　　　　　　　洪 涝 灾 害 预 警 分 级

洪涝灾害预警分级	分级依据	分级颜色
一级预警	预判可能发生特别重大、重大洪涝灾害事件	红色
	省防汛抗旱指挥部等相关应急管理部门或上级单位发布洪涝灾害一级预警	
	两个及以上市公司同时发布洪涝灾害一级预警	
	视洪涝灾害预警情况、可能危害程度、救灾能力和社会影响等综合因素，研究发布一级预警	
二级预警	预判可能发生重大洪涝灾害事件	橙色
	省防汛抗旱指挥部等相关应急管理部门或上级单位发布洪涝灾害二级预警	
	两个及以上市公司同时发布洪涝灾害二级预警	
	视洪涝灾害预警情况、可能危害程度、救灾能力和社会影响等综合因素，研究发布二级预警	
三级预警	预判可能发生较大洪涝灾害事件	黄色
	省防汛抗旱指挥部等相关应急管理部门或上级单位发布洪涝灾害三级预警	
	两个及以上市公司同时发布洪涝灾害三级预警	
	视洪涝灾害预警情况、可能危害程度、救灾能力和社会影响等综合因素，研究发布三级预警	
四级预警	预判可能发生一般洪涝灾害事件	蓝色
	省防汛抗旱指挥部等相关应急管理部门或上级单位发布洪涝灾害四级预警	
	两个及以上市公司同时发布洪涝灾害四级预警	
	视洪涝灾害预警情况、可能危害程度、救灾能力和社会影响等综合因素，研究发布四级预警	

注　出现上述预警分级中任一种情况时，即将其定为该级别洪涝灾害预警。

3. 汛情灾害响应分级

根据国网河南省电力公司总体预案要求，结合实际情况，汛情灾害应急响应可分为Ⅰ级、Ⅱ级、Ⅲ级、Ⅳ级，Ⅰ级为最高级别（见表4-3）。

表 4−3   汛情灾害应急响应分级

应急响应分级	分级依据	分级颜色
Ⅰ级响应	发生重大及特别重大洪涝灾害事件	红色
	公司专项处置领导小组视洪涝灾害预警情况、可能危害程度、救灾能力和社会影响等综合因素，研究发布Ⅰ级应急响应	
	收到国网公司、省政府发布的洪涝灾害事件要求进入Ⅰ级响应的通知，经公司防汛工作领导小组同意需要进入Ⅰ级响应，由组长签批后发布	
Ⅱ级响应	发生较大洪涝灾害事件	橙色
	公司防汛工作领导小组视洪涝灾害预警情况、可能危害程度、救灾能力和社会影响等综合因素，研究发布Ⅱ级应急响应	
	收到国网公司、省政府发布的洪涝灾害事件要求进入Ⅱ级响应的通知，经公司防汛工作领导小组同意需要进入Ⅱ级响应，由常务副组长签批后发布	
Ⅲ级响应	发生较大洪涝灾害事件	黄色
	公司防汛工作领导小组视洪涝灾害预警情况、可能危害程度、救灾能力和社会影响等综合因素，研究发布Ⅲ级应急响应	
	收到国网公司、省政府发布的洪涝灾害事件要求进入Ⅲ级响应的通知，经公司防汛工作领导小组同意需要进入Ⅲ级响应，由防汛办主任签批后发布	
Ⅳ级响应	发生一般洪涝灾害事件	蓝色
	公司防汛工作领导小组视洪涝灾害预警情况、可能危害程度、救灾能力和社会影响等综合因素，研究发布Ⅳ级应急响应	
	收到国网公司、省政府发布的洪涝灾害事件要求进入Ⅳ级响应的通知，经公司防汛工作领导小组同意需要进入Ⅳ级响应，由防汛办主任签批后发布	

注 出现上述响应分级中任一种情况时，即将其定为该级别应急响应。

4.4.2 防汛险情分类

国网公司防汛管理应急处理预案将防汛险情状态紧急程度分为警戒状态、紧急状态和非常紧急状态三类。

1. 非常紧急状态

国网公司所属全资或控股的任何一个水电站大坝或所处流域出现入库洪

水为超标洪水、水库水位接近设计洪水位、入库洪水达到百年一遇洪水标准或接近建坝后历史最大洪水、大坝出现严重险情等任一种情况时；因洪水直接造成任何一个省级电力公司发生重大及以上电网事故或两个及以上省级电网公司减供负荷导致发生一般电网事故；国家或省级政府宣布进入紧急防汛期；国家或省级政府决定实施分洪措施；重要城市的防洪堤接近危险控制水位；其他与防汛有关的非常重大事项。

2. 紧急状态

国网公司所属全资或控股的任何一个水电站所处流域出现超过五十年一遇的洪水；因洪水直接造成任何一个省级电网公司减供负荷导致发生一般电网事故；国网公司所属全资或控股的任何一个水电站所处下游重要城市的防洪堤防超过警戒控制水位；其他与防汛有关的重大事项。

3. 警戒状态

国网公司所属全资或控股的任何一个水电站所处流域出现超过二十年一遇的洪水；因洪水直接造成任何一个 220kV 及以上变电站停运或 220kV 及以上线路断线倒杆；因洪水直接造成任何一个火电厂全厂对外停电；因洪水直接造成任何一个大型电力基建工程停工；其他与防汛有关的注意事项。

4.4.3 应急响应行动分级

国网河南省电力公司（下称"公司"）启动应急响应后，发生洪涝灾害的供电单位应启动该单位最高级别应急响应，按照防汛工作领导小组统一指挥和部署，组织、协调本地区防汛应急处置工作。

1. Ⅰ级响应行动

（1）公司专项处置领导小组及其办公室启动Ⅰ级响应行动后，立即将事件信息上报公司应急领导小组，经应急领导小组审定后报国网公司应急指挥机构及政府相关职能部门，在国网公司应急指挥机构领导下指挥开展处置工作。

（2）启用公司应急指挥中心，召开专项处置领导小组会议，就有关重大应急问题做出决策和部署。

（3）专项处置办公室组织开展 24 小时应急值班，做好信息汇总和报送工作。

（4）专项处置领导小组在本部指挥，委派公司分管领导或事件处置牵头负责部门主要负责人和专家组成工作组，赶赴现场协调指导应急处置。

（5）对事发单位做出处置指示，责成有关部门立即采取相应应急措施，按照处置原则和部门职责开展应急处置工作。

（6）与政府职能部门联系沟通，做好信息发布及舆论引导工作。

（7）跨省跨区域调集应急队伍和抢险物资，协调解决应急通信、医疗卫生、后勤支援等方面问题。

（8）各单位发布响应命令后，应立即向公司专项处置办公室和应急办报送。

2. Ⅱ级响应行动

（1）公司专项处置领导小组及其办公室启动Ⅱ级响应行动后，立即将事件信息上报公司应急领导小组，经应急领导小组审定后报国网公司应急指挥机构及政府相关职能部门，在公司应急领导小组领导下，指挥突发事件处置。

（2）启用公司应急指挥中心，视情况召开专项处置领导小组会议，就有关重大应急问题做出决策和部署。

（3）开展 24 小时应急值班，做好信息汇总和报送工作。

（4）公司分管领导（或其授权人员）在本部指挥，委派事件处置牵头负责部门负责人和专家组成工作组，赶赴现场协调指导应急处置。

（5）密切跟踪事件发展态势，将事件及处置情况及时报告国网公司应急办和相关职能部门，协调应急资源，指导应急处置工作。

（6）必要时请求上级单位或政府部门支援。

（7）各单位发布响应命令后，应立即向公司专项处置办公室和应急办报送。

3. Ⅲ级响应行动

（1）公司专项处置领导小组及其办公室启动Ⅲ级响应行动后，专项处置领导小组负责指挥突发事件的处置工作；及时向公司应急领导小组报告事件信息，经应急领导小组审定后报国网公司应急指挥机构及政府相关职能部门。

（2）启用公司应急指挥中心，视情况召开专项处置领导小组会议，就有关重大应急问题做出决策和部署。

（3）专项处置办公室各成员部门按照各自职责开展处置工作，并及时将事件处置情况报告公司应急领导小组。

（4）防汛事件相关部门主要负责人或分管负责人在本部指挥协调，视情况委派部门分管负责人或相关处室负责人及专家组成工作组，赶赴现场协调指导应急处置。

（5）各单位发布响应命令后，应立即向公司专项处置办公室和应急办报送。

4. Ⅳ级响应行动

（1）公司专项处置领导小组及其办公室启动Ⅳ级响应行动后，专项处置领导小组负责或授权事发单位负责指挥突发事件的处置工作；及时向公司应急领导小组报告事件信息，经应急领导小组审定后报国网公司应急指挥机构及政府相关职能部门。

（2）防汛事件相关部门开展应急值守，及时跟踪事件发展情况，收集汇总分析事件信息；其他部门按职责开展应急工作。

（3）防汛事件相关部门主要负责人或分管负责人在本部指挥协调，视情况委派部门分管负责人或相关处室负责人及专家组成工作组，赶赴现场协调指导应急处置。

（4）各单位发布响应命令后，应立即向公司专项处置办公室和应急办报送。

（5）事发单位自行处置时，须将事件及处置情况及时报告公司专项处置办公室。

第 5 章

变电站防汛能力提升措施

本章立足变电站防汛风险实际，在全面排查治理防汛安全隐患、差异化制订防汛隐患整治方案和风险管控的基础上，分别从"阻水""堵漏"和"排水"三方面入手，在建立"阻来水""防渗水""排积水"三道防线基础上，进一步推广应用变电站智能化防汛，最后对"河南电网气象预警系统"主要功能进行了简要介绍。

5.1 强化防汛隐患排查治理和风险管控

5.1.1 全面排查变电站防汛隐患

结合实际情况全面排查在运变电站防汛隐患，突出排查重点，做到"四个必查"：① 防汛设防标准低必查，做到有据可依、有章可循；② 历史进水受淹情况必查，深入分析防汛薄弱环节；③ 站址临近河湖区域必查，开展风险评估；④ 站所周围环境改变必查，防范外部环境变化带来的新问题。

5.1.2 差异化制订防汛标准及隐患整治方案

针对存在防汛重点隐患且周边未设置可靠防洪、防涝围护设施的变电站，应结合历史最高内涝水位差异化制订防汛标准并设置合理裕度，采取扩大站内集水井容积、安装自动排水装置、增加排水泵配置、畅通站内外排水通道、增加防汛物资配置等手段提升变电站防汛能力，地下站应配置无源移动式大功率排水泵。无法改造时，应研究易地重建可行性并明确实施方案。

5.1.3 强化变电站场地标高动态管控

应结合变电站周边防洪规划、城区建设规划、地形地貌变化等情况，重新核查在运变电站场地标高，110kV 及以上城市中心站和地下站场地标高应按百年一遇洪水位和历史最高内涝水位校核且应高于相邻城市道路路面标高，不满足要求的，应及时采取墙体改造、安装防洪挡板、增加排水设备配置等阻排水技术措施，防止内涝积水及洪水倒灌。城市中心站及地下站排水系统应改造为自动排水系统，并接入城市排水系统。

5.2 阻 水 能 力 提 升

5.2.1 变电站围墙阻水能力提升

存在内涝风险的变电站，应按最新水文地质条件对其围墙（高度、结构、基础等）进行校核。变电站原则上采用实体围墙且高于 2.2m，未建实体围墙的城市中心站应校核建筑物基础及墙体满足防洪要求，其实体围墙应高于百年一遇洪水高度与历史最高内涝水位 0.5m。山区变电站或迎洪水面的围墙应采用钢筋混凝土结构的防洪墙，必要时应设置防洪围堰和截水沟。变电站地下部分迎水面主体结构应采用防水混凝土。围墙外侧应采用渗透性较小的土质进行基础回填；不满足要求的，应采用增加支护墙、挡水墙等加高加固方案，必要时可将围墙拆除重建。

5.2.2 变电站出入口阻水能力提升

优化变电站进站道路走向、标高及坡度，出入口设置排水沟，避免站外雨水倒灌。变电站大门应考虑防内涝和治安反恐要求，宜采用实体大门并设置防洪挡板，挡水高度应超过历史最高内涝水位 0.5m，且安装高度不低于 0.8m，挡板底端宜设有防水密封措施。站内应配备充足的防汛沙袋，配合防洪挡板使用，满足变电站大门口处挡水需求。地下站安全出口高度应高于百年一遇洪水高度与历史最高内涝水位 0.5m。

5.2.3　站内建筑物阻水能力提升

建筑物应设置合理的室内外高差，主控通信楼（配电装置楼）、继保小室等室内标高不宜低于室外场地标高 0.6m，建筑物一层与室外相通的门窗、通风口、孔洞下沿宜高于室外地坪 0.7m，不满足的应配置防洪挡板及防汛沙袋。户外端子箱、机构箱、电源箱、汇控柜、智能组件柜等基础高度应高于历史最高内涝水位 0.5m；无法满足要求时，应进行基础升高改造或采取可靠防水措施。地下站设备吊装口、电缆竖井口高度应高于百年一遇洪水高度与历史最高内涝水位 0.5m，地上通风口下沿应高于室外地坪 1.2m，不满足要求的应采取可靠防水措施。

5.2.4　电缆沟、电缆竖井及电缆通道阻水能力提升

优化电缆通道进站、进建筑物坡度，避免积水倒灌。电缆进站、进建筑物处应进行整体防水防渗漏封堵，兼备防水和防火功能。电缆沟内积水应通过排水引出管汇入变电站排水系统，排水引出管设置单向防水逆止阀，未设置或无法设置的应采取临时封堵措施。电缆已基本铺设完毕，排布较密的变电站，应开展整体防水封堵改造。地下站电缆和管道等穿越建筑物地下外墙时，应采取穿墙套管等防水措施，与站外电缆隧道（排管）连接处宜采用专用防水堵头可靠封堵。

5.3　排　水　能　力　提　升

5.3.1　排水设施能力提升

畅通排水通道。站内排水设施应接入市政雨污管网，不能接入的应采用强制排水措施并保证站外排水通道畅通。站内排水不畅的变电站，在易积水和积水最深位置、电缆沟低点设置集水井，集水井应便于检查水位（可设置视化盖板或观察窗），并配置自动启停强排设施和专用排水管道。采取扩大排

水管径或增设应急排水管（高度应高于地面 1.0m），或者扩建排水沟渠、泄洪口，提升排水能力。城市中心站和地下站应在接入市政管网前设置供大型排水设备使用的专用集水井和自流管道防倒灌装置，便于开展强排水作业。

5.3.2 排水设备的设置与完善

合理配置排水设备。统筹考虑变电站重要程度、供电负荷性质等因素，参照各地区历史最强雨量和水库、河道泄洪水平，差异化配置排水设备。变电站应配置足量排水泵，排水总流量不应低于历史最强降雨设计流量，同时配置备用水泵，备用水泵的规格型号、总排水量应与主排水泵一致，站内应配置排水泵专用电源箱，具备可靠的防洪防雨措施，应有两路电源且取自站用电不同母线段，地下站应接入站外第三路供电电源。排水泵配置数量应由计算确定，并不低于表 5-1 的规定要求。

表 5-1　　　　　　　　变电站排水泵差异化配置表

变电站类型	主排水泵		备用排水泵	
	数量	单台排水量	数量	单台排水量
500kV 变电站	2	60%	2	60%
220kV 枢纽变电站	1~2	100%	2	100%
其他变电站	1	150%	1	150%

雨水设计流量、雨水集水池及排水泵设计计算方法如下。

1. 设计雨水量

（1）场区雨水管道设计雨水量计算式为

$$q_y = \frac{q_j \cdot \phi \cdot F_w}{10000} \tag{5-1}$$

式中　　q_y——设计雨水流量，L/s；

　　　　q_j——设计暴雨强度，L/（s·hm²）；

　　　　ϕ——径流系数；

　　　　F_w——汇水面积，m²。

（2）场区雨水管道设计暴雨强度应按当地或相邻地区暴雨强度公式计算。

（3）场区雨水管道设计降水历时计算式为

$$t = t_1 + t_2 \qquad (5-2)$$

式中　t——降水历时，min；

　　　t_1——地面集水时间，min，视距离长短、地形坡度和地面铺盖情况而定，可选 5～10min；

　　　t_2——排水管内雨水流行时间，min。

（4）各类变电站场区雨水排水管道的排水设计重现期应根据变电站性质、地形特点、气象特征等因素，结合变电站历史积水情况合理确定。

（5）地面的雨水径流系数可按表 5-2 采用，各种汇水面积的综合径流系数应加权平均计算。

表 5-2　　　　　　　　各类地面雨水径流系数

地面种类	雨水径流系数 ϕ
混凝土和沥青路面	0.90
块石路面	0.60
级配碎石路面	0.45
干砖及碎石路面	0.40
非铺砌路面	0.30
绿地	0.15

（6）地面雨水汇水面积应按水平投影面积计算。

2. 固定式排水泵

（1）排水泵的流量应按排入集水池的设计雨水量确定。

（2）排水泵不应少于 2 台，不宜大于 8 台，紧急情况下可同时使用。

（3）雨水排水泵应用不间断的动力供应。

3. 雨水集水池

（1）雨水集水池的有效容积，不应小于最大一台排水泵 30s 的出水量，并应满足水泵安装和吸水要求。

（2）自动控制条件下水泵每小时启停次数不大于 6 次。

（3）雨水集水池应满足水泵设置、水位控制器等安装、检查要求。

5.3.3　排水智能化水平提升

提升防汛智能化水平。加大防汛智能化研究，大力推进新技术、新装备应用。利用设备构支架或墙体装设水位观测标尺或视频监控系统，满足远程视频监视需求。排水泵应具备自启动、异常报警和远程控制功能。在集水井、电缆沟及其他低洼处装设水位传感器，实现水位自动监测报警并联动排水系统自动强制排水。试点应用变电站微气象工作站，实现雨量、温湿度、风力、风速等数据监测，水位监测、自动排水、微气象数据及告警信息应接入辅助监控系统。

5.3.4　防汛装备及物资的储备和管理

明确防汛装备及物资储备原则。按照"分级储备、差异配置"原则，参照各地历史最大降水强度确定变电站防汛风险等级，进一步明确站内和区域内防汛装备及物资定额标准。城市中心站和地下站要提高一个等级配置防汛装备和物资，坚决杜绝发生水淹事件。各类防汛风险地区防汛装备及物资定额标准见表 5-3。

表 5-3　　各类防汛风险地区防汛装备及物资定额标准

序号	物资名称	配置标准					配置原则
		Ⅰ类地区	Ⅱ类地区	Ⅲ类地区	Ⅳ类地区	Ⅴ类地区	
交通工具							
1	水陆两栖车	6	3	2	0	0	以省公司为单位配置
2	冲锋舟	6	3	2	0	0	以市公司为单位配置
3	橡皮艇	6	3	2	0	0	以市公司为单位配置
排水物资							
4	抽水车	6	3	2	0	0	以市公司为单位配置

续表

序号	物资名称	配置标准					配置原则
		Ⅰ类地区	Ⅱ类地区	Ⅲ类地区	Ⅳ类地区	Ⅴ类地区	
5	便携式潜水泵（泥水泵、混水泵）	500（300）kV及以上变电站4台/座；220kV变电站2台/座；110（66）kV及以下变电站1台/10座	500（300）kV及以上变电站4台/座；220kV变电站2台/座；110（66）kV及以下变电站1台/10座	500（300）kV及以上变电站2台/座；220kV变电站1台/座；110（66）kV及以下变电站1台/15座	500（300）kV及以上变电站2台/座；220kV变电站1台/座；110（66）kV及以下变电站1台/15座		
	照明工具						
6	移动照明工程车	6	3	2	0	0	以省公司为单位配置
7	移动照明灯具	14	10	6	2	0	以市公司为单位配置

按照各地历史最大降水强度，划分变电站防汛风险等级如下：

Ⅰ类地区：历史最大降水强度大于250mm/24小时且直接受台风登陆影响的地区：（特大暴雨）

Ⅱ类地区：历史最大降水强度100～250mm/24小时且受台风影响地区：（大暴雨）

Ⅲ类地区：历史最大降水强度50～100mm/24小时的地区：（暴雨）

Ⅳ类地区：历史最大降水强度25～50mm/24小时的地区：（大雨）

Ⅴ类地区：历史最大降水强度10～25mm/24小时的地区：（中雨）

注　根据《运检防汛装备及物资配置原则（试行）》[国家电网运检〔2017〕540号]要求及实际运维经验得出。

强化防汛装备及物资日常管理。建立完善防汛装备及物资专项台账，防汛物资应由专人保管、定点存放，定期进行核查并动态更新，确保各类防汛装备可用、能用、好用，并做好定期维保工作。

5.4　案例介绍

依据防汛能力评估结果，全面开展针对变电站的防汛抗灾能力提升工作，建立"阻来水、排积水、防渗水"三道防线，利用智能化手段提高变电站防汛能力。

5.4.1 阻排水能力改造

1."第一道防线"（阻来水）

（1）搭建临时围堰。郑州"7·20"特大暴雨期间，由于周边地势平坦，某变电站受周边河水漫堤影响，洪水直接冲击站区围墙，对墙体造成破坏，汛期已发生墙体渗水现象。通过搭建临时围堰，在变电站距围墙外 1.5m 处修建高 1.9m，底部宽 5m、上宽 0.6m 梯形围堰，顶部及迎水面覆盖防雨布，并压土夯实，有效防止冲刷土基形成管涌，在围墙外部形成阻水屏障，降低洪水直接冲击围墙风险。梯形围堰结构示意图和临时围堰改造前后效果对比分别如图 5-1 和图 5-2 所示。

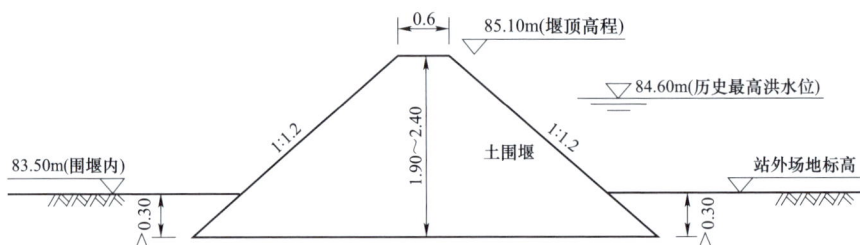

图 5-1 梯形围堰结构示意图

(a)

图 5-2 临时围堰改造改造前后效果对比（一）

（a）改造前

(b)

图 5-2　临时围堰改造改造前后对效果对比

（b）改造后

　　（2）修固实体防洪墙。针对"两临一低一变化"（临近河湖、地势低洼、周边环境发生变化）变电站进行评估，将对于评估水位高于站址标高 0.5m 的变电站围墙改为防洪墙，对老旧围墙进行修固。新建钢筋混凝土防洪墙地上 2.5m，地下埋深 1.3m，采用钢筋混凝土整体浇筑，基底设凸榫，更好地增强基础抗滑移能力，新建后防洪墙可抵御不超过墙体高度的洪水冲击。钢筋混凝土防洪墙结构示意图和改造前后效果对比分别如图 5-3 和图 5-4 所示。

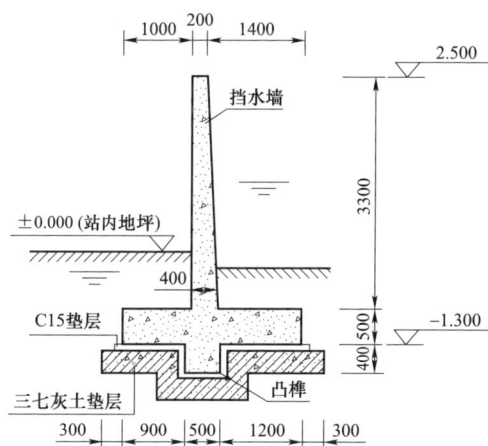

图 5-3　钢筋混凝土防洪墙结构示意图（单位：mm）

(a)   (b)

图5-4　钢筋混凝土防洪墙改造前后对效果对比

（a）改造前；（b）改造后

（3）筑建站外排水沟。对于原围墙四周为灌溉渠，阻、排水能力不足的变电站，在原围墙周边灌溉渠基础上，对原水渠进行加深、扩宽，采用钢筋混凝土进行排水沟的整体修缮改造。新建排水沟顶部加装了带排水孔的预制盖板，在排水同时，很好地阻隔杂物进入，保证排水通畅，避免在围墙外形成积水，对围墙造成损坏。站外排水沟改造前后效果对比如图5-5所示。

(a)   (b)

图5-5　站外排水沟改造前后效果对比

（a）改造前；（b）改造后

（4）增设阻水坡及防汛挡板。提升变电站大门阻水能力。优化变电站进站道路走向、标高及坡度，对评估水位高于站址 0.5m 及易受坡面流冲击的变电站加装防汛缓坡并设置防汛挡板。在站区大门口修建阻水坡及加装液压翻板挡水板后，大门处标高抬高 1.5m，可有效阻止洪水倒灌。液压式防汛挡板结构示意图和阻水坡、防汛挡板改造前后效果对比分别如图 5-6 和图 5-7 所示。

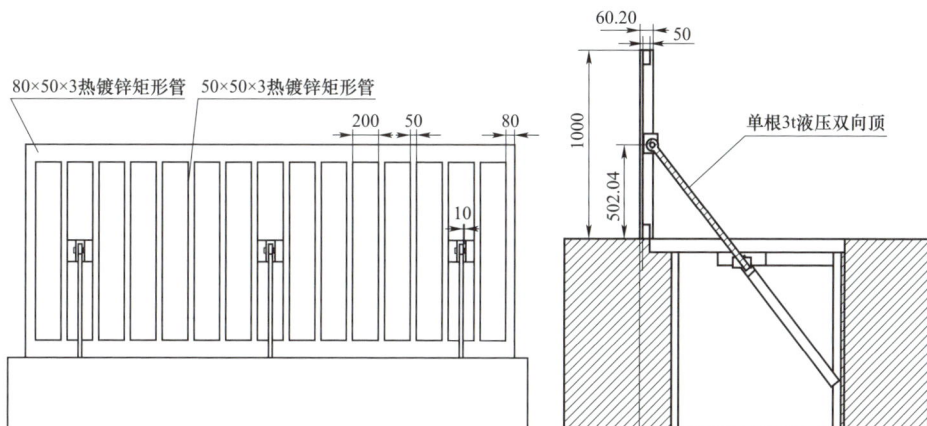

图 5-6　液压式防汛挡板结构示意图

(a)　　　　　　　　　　　　　　　　(b)

图 5-7　阻水坡、防汛挡板改造前后效果对比
(a) 改造前；(b) 改造后

2."第二道防线"（排积水）

（1）强排泵站增配强排水泵。通过"三增一配"（强排站增加强排泵排量和备用水泵数量、自排站在排水面围墙底部增设排洪孔以及配置大功率移动排水方舱）有效提升站内排水能力。以郑州"7·20"特大暴雨最大单小时降水量 201.9mm 计算，改造前原两台水泵排水量共 1200m³/h，站内平均积水深度 0.17m；改造后单台排水量 850m³/h，总排水量由原来的 1200m³/h 提升至

1700m³/h，按同雨量计算，站内平均水位可下降至 0.12m，同时将原有两台水泵更换为同规格型号水泵，满足"两主两备"配置要求。强排水泵固定式安装示意图及和强排泵站改造前后效果对比分别如图 5-8 和图 5-9 所示。

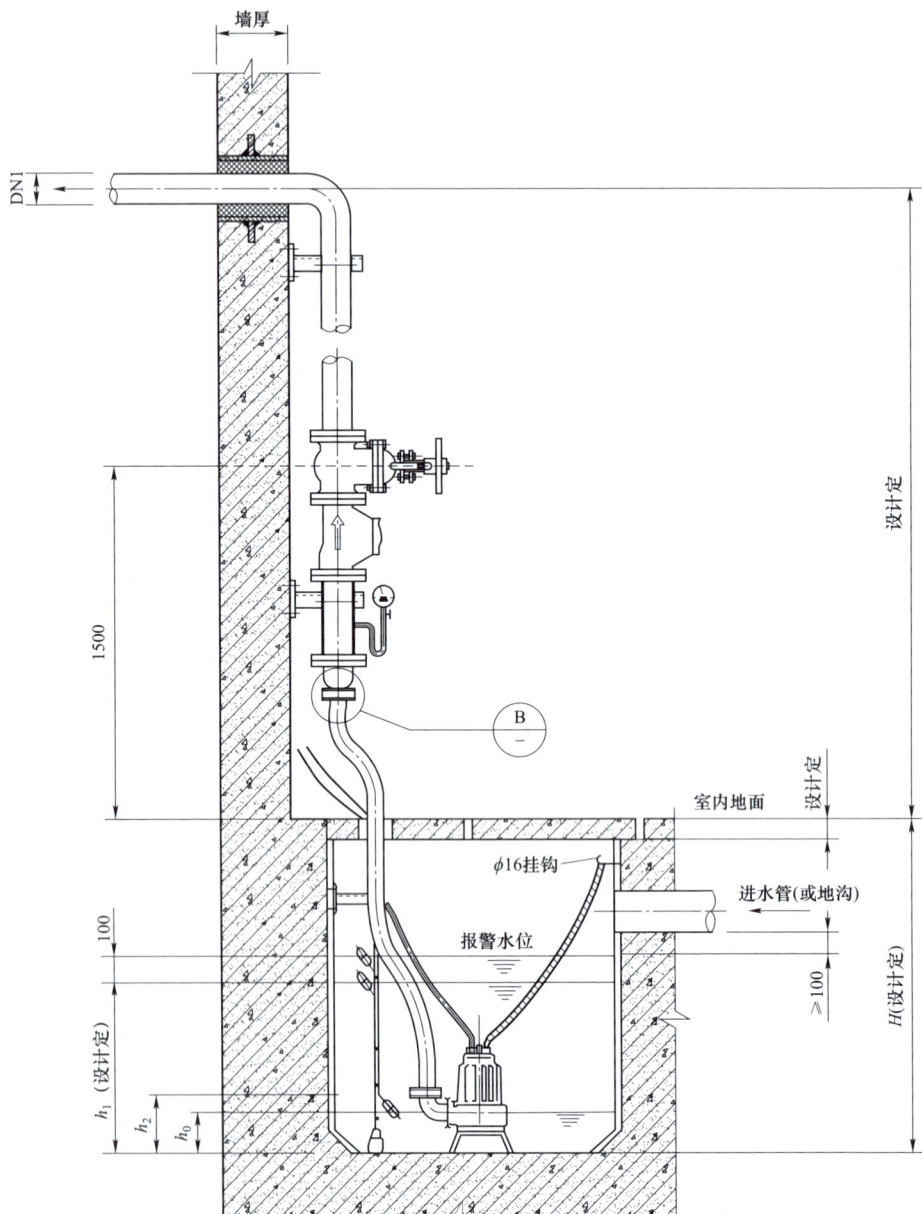

图 5-8　强排水泵固定式安装示意图（单位：mm）

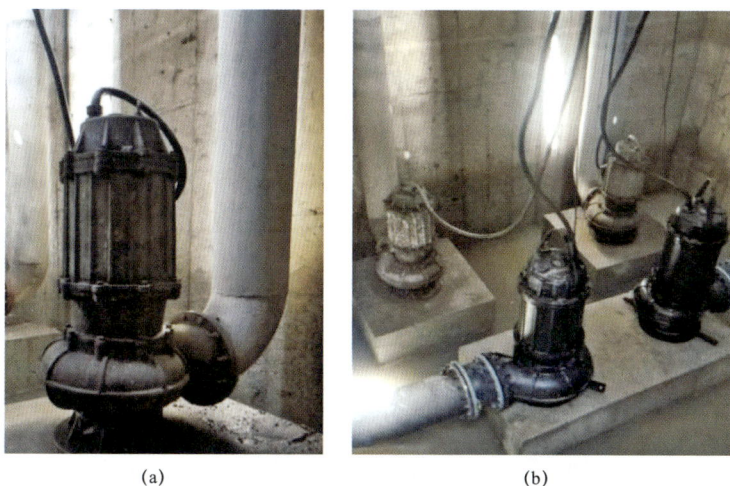

(a)　　　　　　　　　　　　　　　　(b)

图 5-9　强排泵站改造前后对效果对比

（a）改造前；（b）改造后

（2）自排站增设排洪孔。根据变电站防汛能力评估结果，对内涝水位大于 0.15m 的自排站增设排洪孔，提升紧急情况下的排水能力。原排洪孔泄洪能力不足，开启不方便，改造后通过管道延伸至站外，并接入站外管网，可将站内积水有效排出，避免因排洪孔打开不及时造成站内积水。排洪孔改造前后对比如图 5-10 所示。

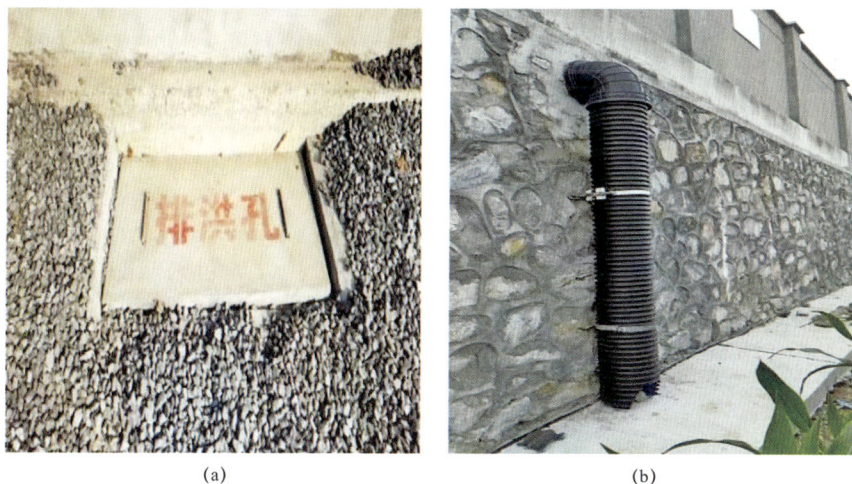

(a)　　　　　　　　　　　　　　　　(b)

图 5-10　排洪孔改造前后对效果对比

（a）改造前；（b）改造后

（3）配置大功率移动式排水方舱。根据变电站防汛评估及其防汛等级，按国家电网公司规定，增配大功率移动排水方舱，排水方舱采用油、电两种工作模式，最大排水量 700m³/h，满状态下可持续排水 10～12h。新配置两台高机动应急排水方舱，全功率输出最大排水量可达 1400m³/h，可自行装卸，机动性能强，两种工作模式能更好地适应各种恶劣环境下的抽排水工作，同时可输出 220V 电源，为排水现场提供电源。新配置的大功率移动排水方舱如图 5-11 所示。

图 5-11　大功率移动式排水方舱

3."第三道防线"（防渗水）

提升站内建筑物、户外"三箱"防倒灌、防渗水能力。通过"三改一修"（对建筑物大门防鼠挡板密闭性改造、电缆沟进建筑物最后一道实体封堵进行"三防墙"改造、建筑物屋顶排水管改造和建筑物屋面渗漏整修）有效防止雨水进入站内各生产房间。

（1）防鼠防汛挡板改造。经现场调研，某变电站原防鼠挡板与墙体地面间有活动间隙，不具备防水功能，对其进行防汛改造，通过在两侧 U 形槽及底部加装防水密封条后，再通过卡扣固定，挡板三侧接触面紧密贴合，防止小动物进入的同时，也可防止积水通过缝隙进入室内。防鼠防汛挡板构造示意图和改造前后效果分别如图 5-12 和图 5-13 所示。

（2）气密性挡水防火墙（"三防墙"）改造。建筑物入口处采用密封组料进行整体防水封堵，兼备防水、防火、防小动物功能。新砌 12cm 厚防火墙，

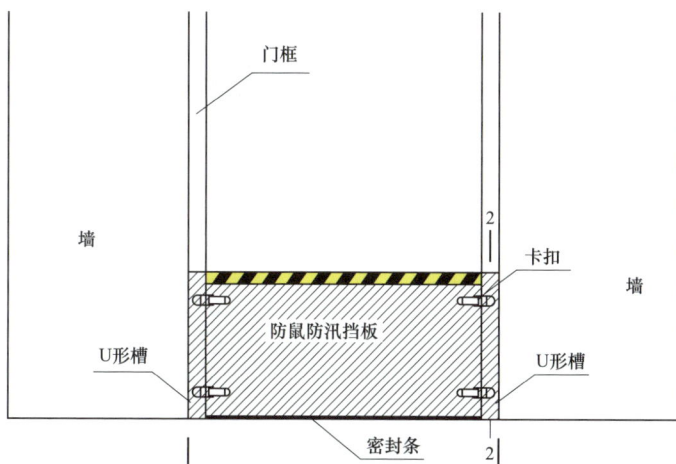

图 5-12　防鼠防汛挡板构造示意图

(a)　　　　　　　　　　　　　　　　(b)

图 5-13　防鼠防汛挡板改造前后效果对比

（a）改造前；（b）改造后

内部填充阻燃 WCS 高分子材料，通过自流平可有效填充细小缝隙，预埋管口注入密封剂，加盖管帽，具有隔绝火、水、小动物功能，有效防止了因电缆沟积水导致向建筑物渗漏水，同时将盖板更换为透明盖板，便于及时观察电缆沟积水及墙体情况。气密性挡水防火墙（"三防墙"）改造前后效果对比如图 5-14 所示。

（3）户外端子箱防雨罩改造。原户外端子箱无防雨、防渗水措施，改造后的户外箱柜防雨罩包括防雨罩本体和收纳盒两部分，采用高密度防雨布制作。端子箱防雨罩顶部设有开合部分，平时可将防雨罩折叠放入底部收纳盒，暴雨来临时将防雨罩升起至顶部，将开合部位闭合，底部与收纳盒内壁浇筑防水材料，形成整体，有效防止雨水进入箱体。户外端子箱防雨罩改造前后效果对比如图 5-15 所示。

(a)

(b)

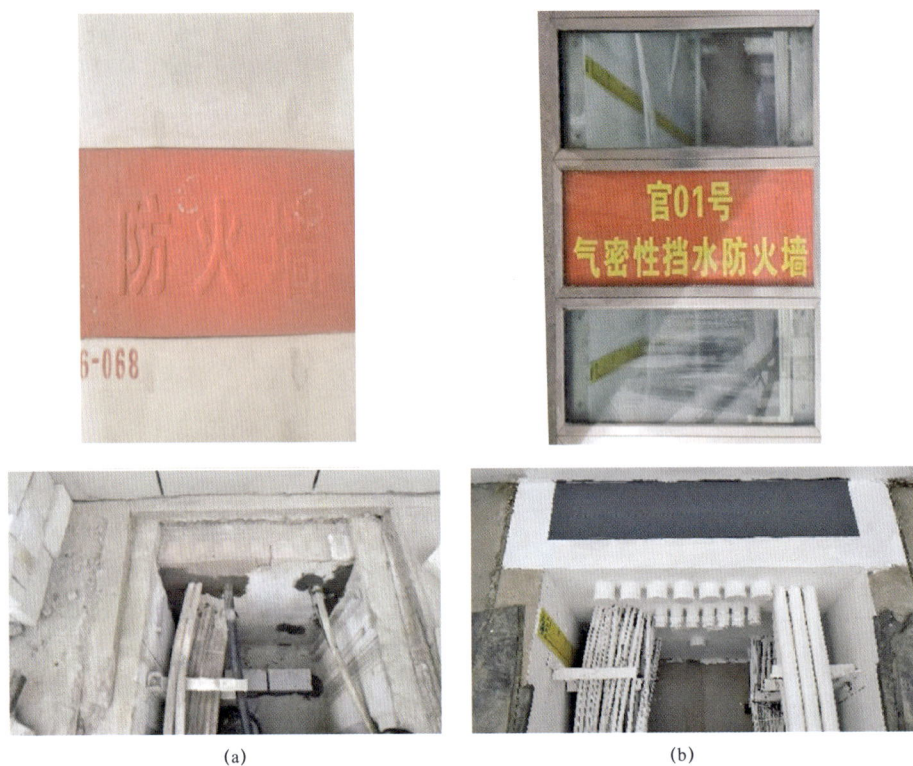

图 5-14 气密性挡水防火墙（"三防墙"）改造前后对效果对比

（a）改造前；（b）改造后

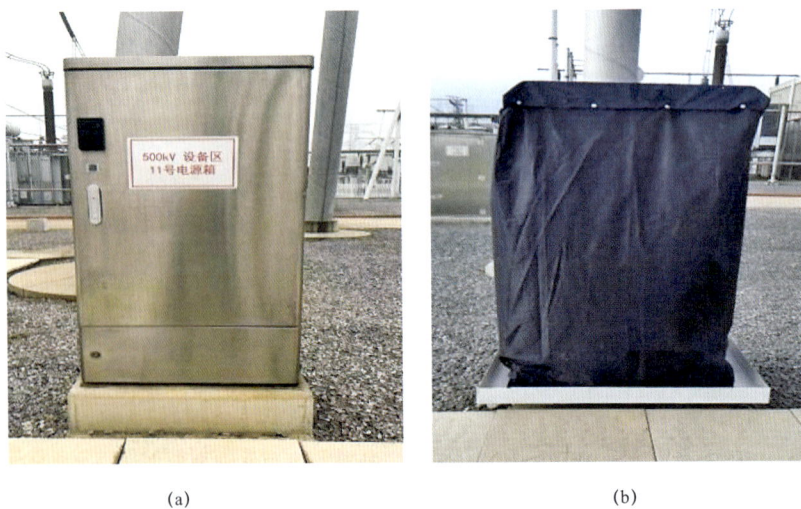

(a)

(b)

图 5-15 户外端子箱防雨罩改造前后对效果对比

（a）改造前；（b）改造后

（4）建筑物排水改造及屋面整修。郑州"7·20"特大暴雨期间，受极端天气和强降水影响，建筑物原有组织排水管道排水能力不足，屋顶出现大量积水，并出现渗漏现象，对室内墙面造成破坏。灾后采取排水口"扩容"的方法，对建筑物排水进行"扩容"改造，并对屋面渗漏进行整修。采用 SBS 改性沥青等防水卷材对建筑物防水层进行整体更换，通过闭水试验无渗漏水现象，对排水不畅排水管进行"扩容"改造，同时对屋内墙面进行粉刷修整，有效防止因屋顶积水造成的渗漏，损坏内墙及威胁室内设备运行安全。建筑物排水"扩容"改造后效果和屋面、内墙改造前后对比分别如图 5-16 和图 5-17 所示。

图 5-16　建筑物排水"扩容"改造后效果

(a)　　　　　　　　　　　　　　　(b)

图 5-17　屋面、内墙改造前后对效果对比

（a）改造前；（b）改造后

5.4.2 变电站防汛智能化应用

1. 水泵远程集控系统的应用

暴雨期间，需实时掌握集水池蓄水情况及水泵运行工况，水泵远程集控系统可通过集水池内摄像头及水位传感器进行准确观测，同时可远程启动水泵进行抽排水。特别对无人值守站，运维班组驻地也可第一时间检查、处理池内积水，为汛期变电站防汛提供强有力的支撑。水泵远程集控系统如图 5-18 所示。

图 5-18　水泵远程集控系统

2. 电缆沟、隧道水位监视系统的应用

电缆沟、隧道水位监视系统可通过安装在电缆沟内的高清摄像头，通过多画面对全站电缆沟内情况进行实时监视、巡查，有效解决了电缆沟常规巡视的不便，消除了监控死角。电缆沟、隧道水位监视系统如图 5-19 所示。

3. 微气象监视系统的应用

微气象监视系统可通过传感器、数据分析、智能决策等技术手段具备变电站内风速、风向、空气温度、空气湿度、雨量/雪量、空气颗粒物等气象数据的监测功能，并实现与站内自动排水系统联动控制。微气象监视系统如图 5-20 所示。

图 5-19　电缆沟、隧道水位监视系统

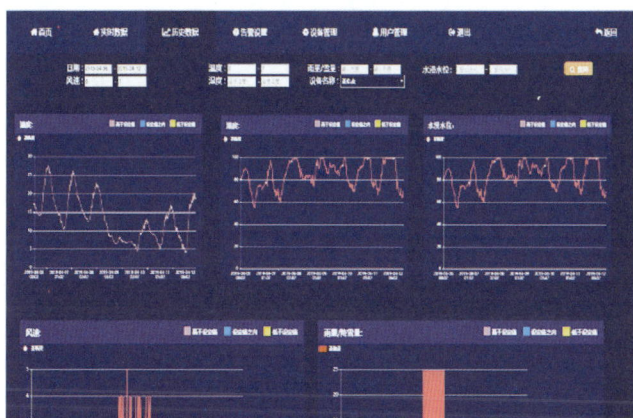

图 5-20　微气象监视系统

5.5 防汛业务系统介绍

针对河南强降水天气突发性强、影响范围大、对电网带来的危害严重等特点，国网河南省电力公司电力科学研究院研发了"河南电网气象预警系统"并投入运行。该系统接入气象多普勒雷达监测、短临外推降水预警、精细化气象数值预报数据、变电站微气象监测数据、视频监控数据和变电站三维倾斜摄影数据等多种数据；采用国内气象领域前沿技术，将气象预警信息与电网 GIS 信息有效融合，实现了针对河南电网的气象防汛预警功能；在强降水天气来临时，针对汛情灾害发布不同等级预警；在较高预警等级时，系统利用短信平台向用户发送预警短信，使设备运维和应急保障人员掌握未来影响电网的防汛的第一手资料，改变了原来气象预报时间不准确、地理位置不精确等问题，为河南电网防灾减灾和输电线路防汛提供了有效的技术保障。该系统主要包括气象信息、防汛模块、典型场景等功能模块。

5.5.1 气象信息

气象信息功能模块主要包降水、温度、风速、湿度、水文、中期预测、中期查询等子模块。

1. 降水

降水信息模块在 GIS 地图直观地展示全省降水预测情况，预测某一小时累积降水量（小时雨强）采用不同颜色进行标识，如图 5-21 所示。图中，左下角图例所示为不同的颜色代表的一小时累积降水量（小时雨强）。下方时间轴显示预测时刻，其中红色时间轴代表的基于多普勒雷达的短临预测降水量。浅蓝色时间轴代表的是基于数值预报的预测降水量。时间轴指针标识着当前图像的时刻。用户可以点击时间轴上的播放（暂停）按钮控制预测图形进行播放（暂停）。在播放状态下亦可以点击右下角"快中慢"按钮来控制图像播放速度。

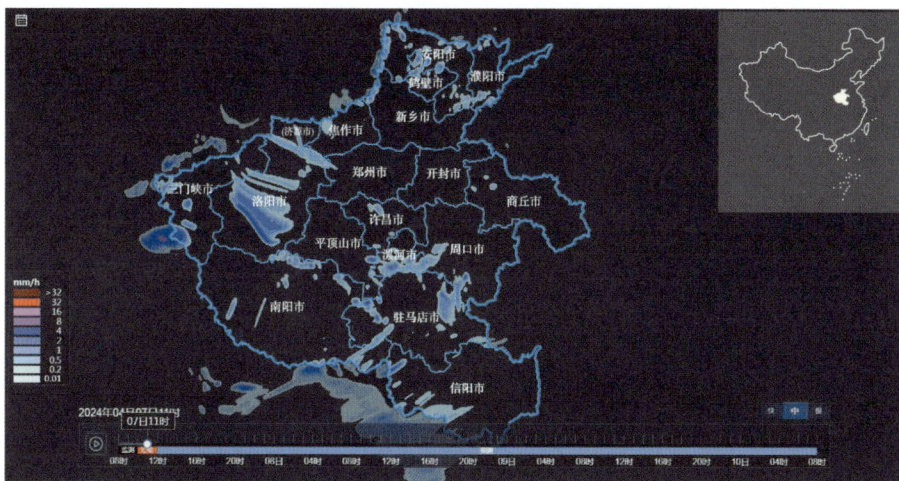

说明：图中所附中国全图为河南省方位示意，与防汛系统无关联。

图 5-21　降水信息模块示意图

2. 温度

温度信息模块在 GIS 地图直观地展示全省气温预测情况，预测某一小时平均气温采用不同颜色进行标识，如图 5-22 所示。图中，左下角图例所示为不同的颜色代表的一小时平均气温。下方时间轴显示预测时刻，浅蓝色时间轴代表的是基于数值预报的预测平均气温。时间轴指针标识着当前图像的时刻。用户可以点击时间轴上的播放（暂停）按钮控制预测图形进行播放（暂

说明：图中所附中国全图为河南省方位示意，与防汛系统无关联。

图 5-22　温度信息模块示意图

停）。在播放状态下亦可以点击右下角"快中慢"按钮来控制图像播放速度。点击图层抽屉按钮，可以查看 GIS 地图中变电站图例及其代表电压等级。

3. 风速

风速信息模块在 GIS 地图直观地展示全省平均风速预测情况，预测某一小时平均风速采用不同颜色进行标识，如图 5-23 所示。图中，左下角图例所示为不同的颜色代表的一小时平均风速。下方时间轴显示预测时刻，浅蓝色时间轴代表的是基于数值预报的预测平均风速。时间轴指针标识着当前图像的时刻，其相关功能同温度信息模块。

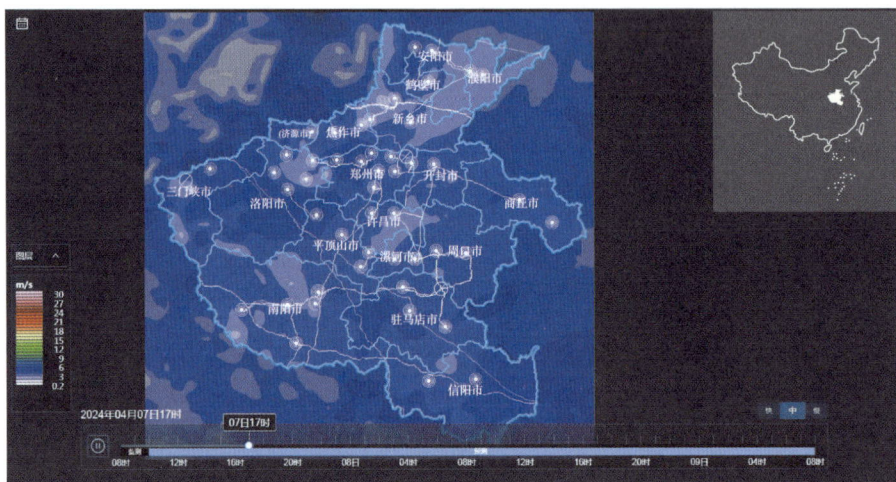

说明：图中所附中国全图为河南省方位示意，与防汛系统无关联。

图 5-23　风速信息模块信息示意图

4. 湿度

湿度信息功能在 GIS 地图直观地展示全省平均湿度预测情况，预测某一小时平均湿度采用不同颜色进行标识，如图 5-24 所示。图中，左下角图例所示为不同的颜色代表的一小时平均湿度。下方时间轴显示预测时刻，浅蓝色时间轴代表的是基于数值预报的预测平均湿度。时间轴指针标识着当前图像的时刻，其相关功能同温度信息模块。

5. 水文

水文信息模块在 GIS 地图直观地展示全省省级水文监测站点分布情况，如图 5-25 所示。

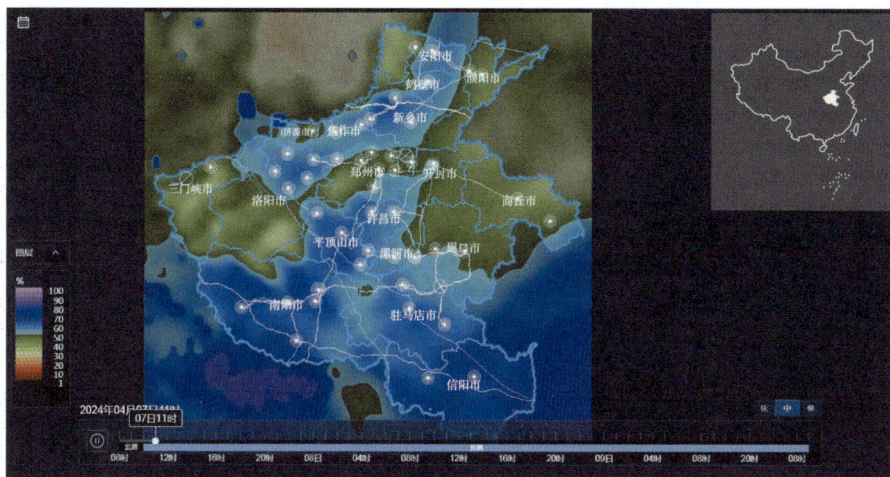

说明：图中所附中国全图为河南省方位示意，与防汛系统无关联。

图 5-24　湿度信息模块示意图

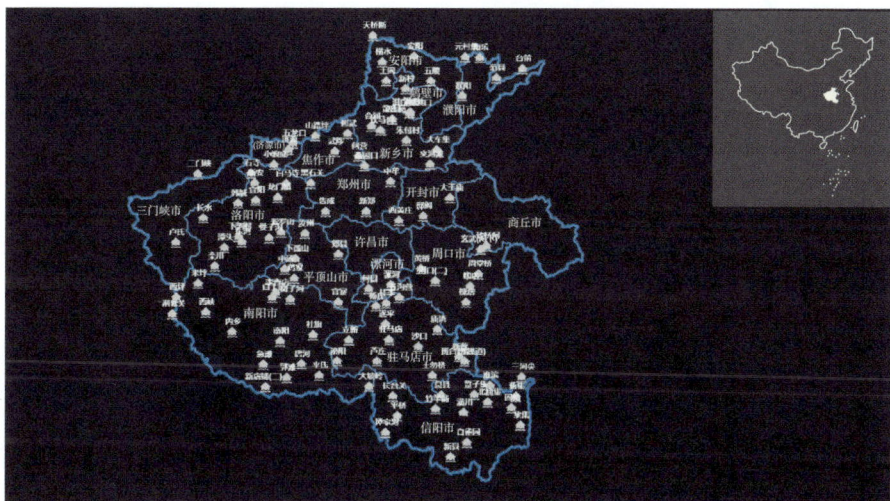

说明：图中所附中国全图为河南省方位示意，与防汛系统无关联。

图 5-25　水文信息模块示意图

6. 中期预测

中期预测模块以趋势图的形式直观地展示全省 18 个地市未来 15 天温度、湿度、雨量的预测趋势变化情况，其中温度和湿度采用曲线的方式去展示，雨量则采用浅蓝色柱状图方式去展示，如图 5-26 所示。鼠标放置在趋势图上可以显示当前时刻的时间、温度、湿度、雨量等气象参数具体数值。可以通过上下滚动条查看其他地市的预测趋势变化情况。

图 5-26　中期预测模块示意图

7. 中期查询

中期查询模块以数据列表的形式直观地展示全省地市、县未来 15 天温度、湿度、雨量的预测数据情况，数据点时间间隔为 3 小时，如图 5-27 所示。用户可以通过名称和日期搜索进行数据检索查询，查询名称为模糊查询，查询日期为数据发布日期。可以点击导出按钮，将本批次查询结果数据导出到 Excel 并保存到本地。

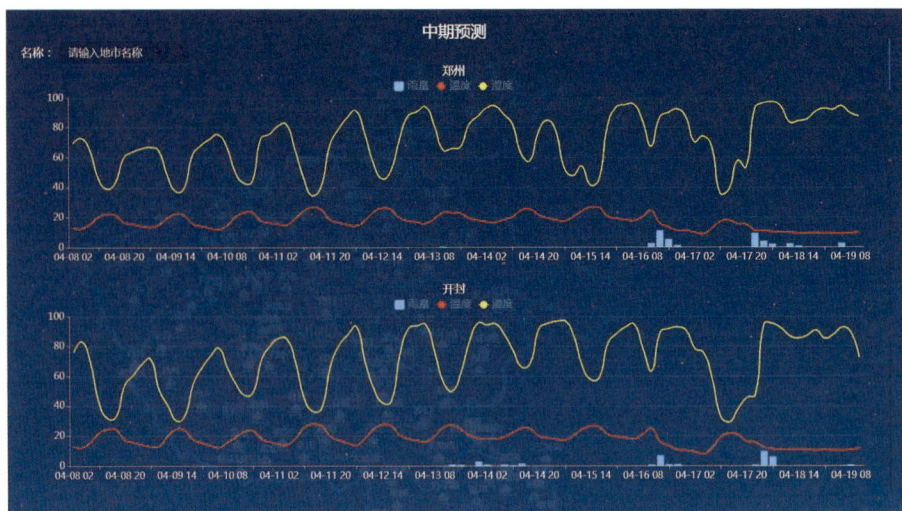

图 5-27　中期查询模块示意图

5.5.2　防汛专题

防汛专题模块主要包防汛预警、防汛准备、预测报告等子模块。

1. 防汛预警

防汛预警模块在 GIS 地图直观地展示全省防汛预测预警情况，预测某一小时平均降水量采用不同颜色进行标识。系统后台会根据气象监测数据、预测数据及设备特性进行智能化防汛预警模型计算。若存在防汛预警，GIS 地图上会通过三角符号（如 ）进行闪烁告警，蓝色代表四级（最低级），黄色代表三级，橙色代表二级，红色代表一级（最高级）。

图 5-28 中，左下角图例所示为不同的颜色代表的一小时平均降水量。下方时间轴显示预测时刻，其中红色时间轴代表的基于多普勒雷达的短临预测降水量。浅蓝色时间轴代表的是基于数值预报的预测降水量。时间轴指针标识着当前图像的时刻。

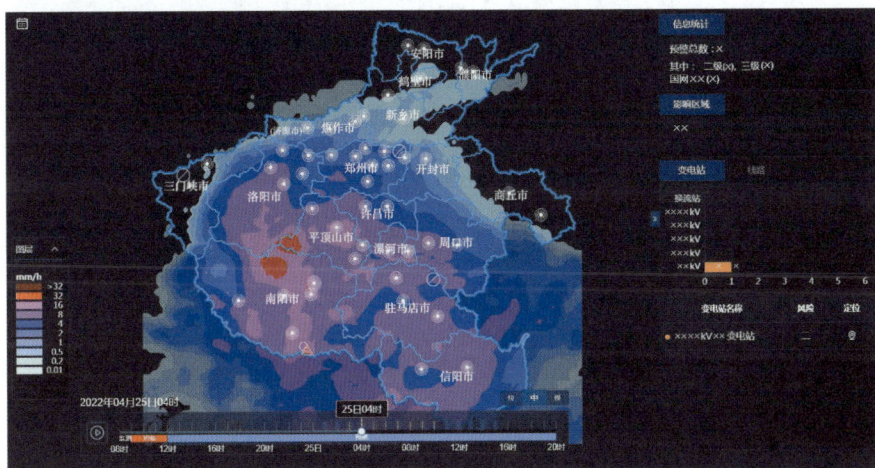

图 5-28　防汛预测预警模块综合信息页面

用户可以点击时间轴上的播放（暂停）按钮控制预测图形进行播放（暂停）。在播放状态下亦可以点击右下角"快中慢"按钮来控制图像播放速度。点击图层抽屉按钮，可以查看 GIS 地图中变电站图例及其代表电压等级。

点击某一个变电站图标（如 ），可以查看该变电站的详细信息。首先看到的是基础信息、站内视频、在线监测、三维地貌、预警措施等信息。

在变电站名称后面闪烁显示预警等级信息（如 郑州500kV官渡变电站 ）。蓝色代表四级（最低级），黄色代表三级，橙色代表二级，红色代表一级（最高级）。

变电站基础信息页面展示的有站内积水深度、过去 3 小时降水量、12 小时降水量、展区编辑、站址标高、历史平均降水、周边环境、端子箱最低高度、排水方式、蓄水池容量、排水能力、联系人、电话等基础信息。基础信息页面下半部分是以柱状图的形式显示是未来一段时间内各时间点的降水量情况，如图 5-29 所示。

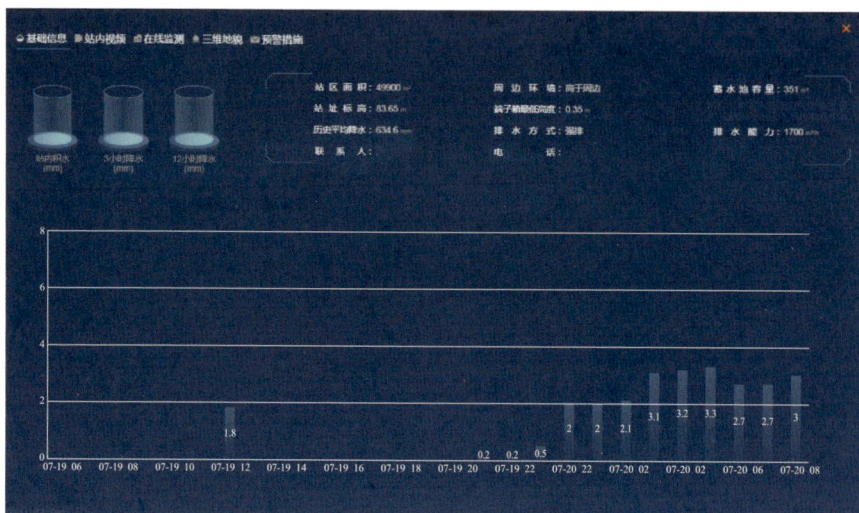

图 5-29　变电站基础信息页面

变电站站内视频页面（见图 5-30）实时显示的当前变电站的视频监控情况。右侧展示的当前变电站接入统一视频监控平台的视频监控设备列表，点击其中的视频监控设备，可以切换相应视频监控画面。

部分变电站已安装微气象在线监测装置且监测数据已接入本系统，用户可以查看到在线监测数据页面（见图 5-31）。在线监测页面实时显示的当前变电站的微气象在线监测数据情况。本功能以趋势图的形式直观地展示当前变电站过去一段时间的温度、湿度、风速、雨量的监测趋势变化情况，其中温度、风速和湿度采用曲线的方式去展示，雨量则采用浅蓝色柱状图方式去展示。鼠标放置在趋势图上可以显示当前时刻的时间、温度、风速、湿度、雨量等气象参数具体数值。

图 5-30　变电站站内视频页面

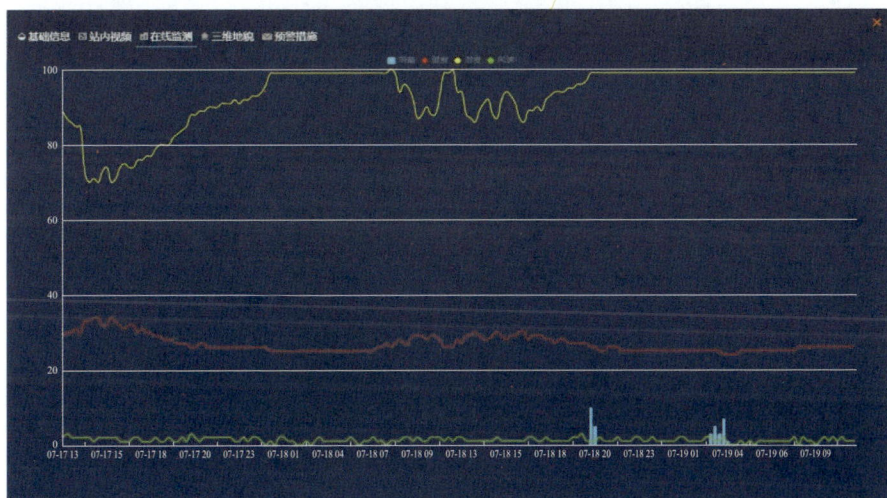

图 5-31　变电站微气象在线监测数据页面

　　部分变电站已采集过三维地貌数据并已接入本系统，用户可以查看到三维地貌信息页面（见图 5-32）。用户可以通过鼠标左键拖动并配合鼠标中轮按钮对三维地貌影响进行控制，查看当前变电站的三维地貌信息。点击鼠标左键可以进行拖动，滚动鼠标中轮可以进行放大缩小，点击鼠标中轮可以进行视角切换移动。

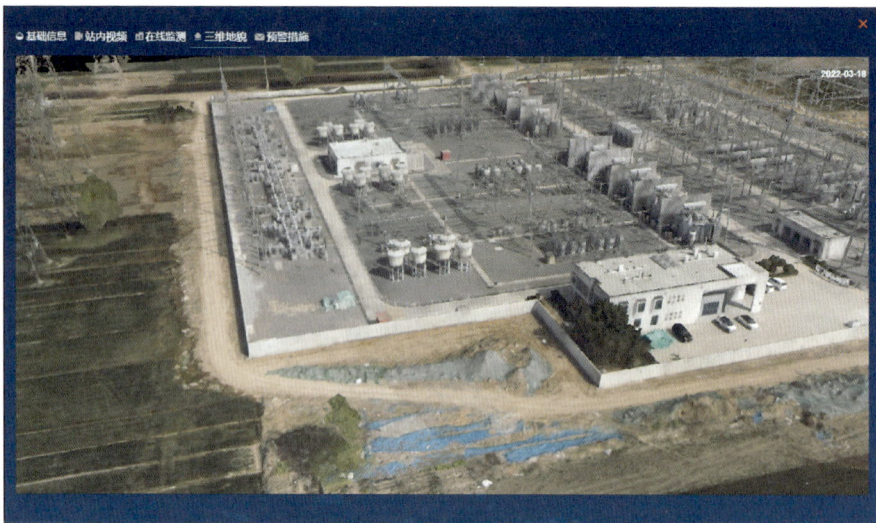

图 5-32 变电站三维地貌信息页面

预警视频页面（见图 5-33）实时当前变电站的各级风险预警的应对措施。

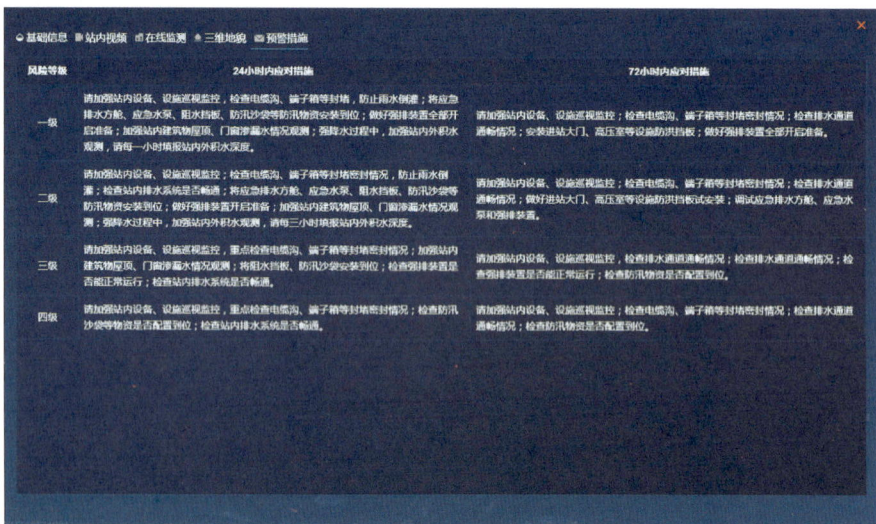

图 5-33 变电站预警视频页面

2. 防汛准备

防汛准备模块在 GIS 地图直观地展示全省重点变电站分布情况。河南全省变电站分布信息页面如图 5-34 所示。

说明：图中所附中国全图为河南省方位示意，与防汛系统无关联。

图 5-34　河南全省变电站分布信息页面

点击变电站图标（如 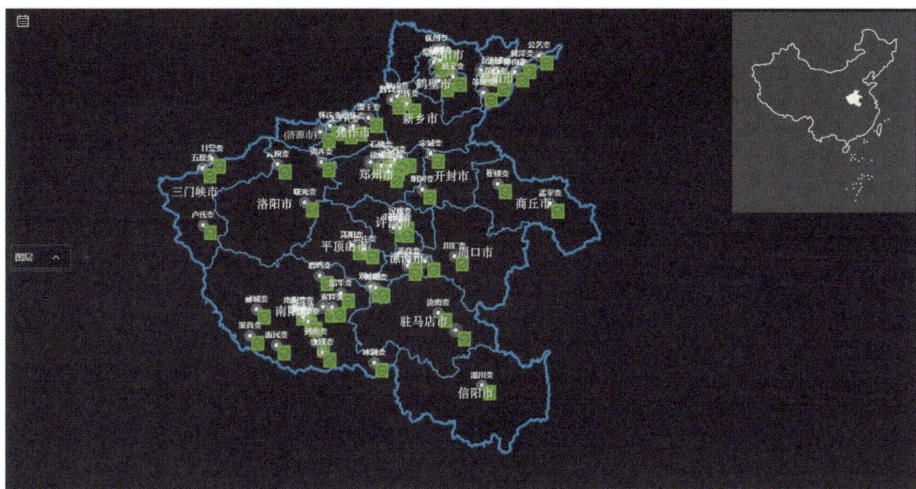），可以查看到该变电站的站内防汛能力提升措施，即郑州 7·20 特大暴雨降水量排水能力校核数据（见图 5-35）。

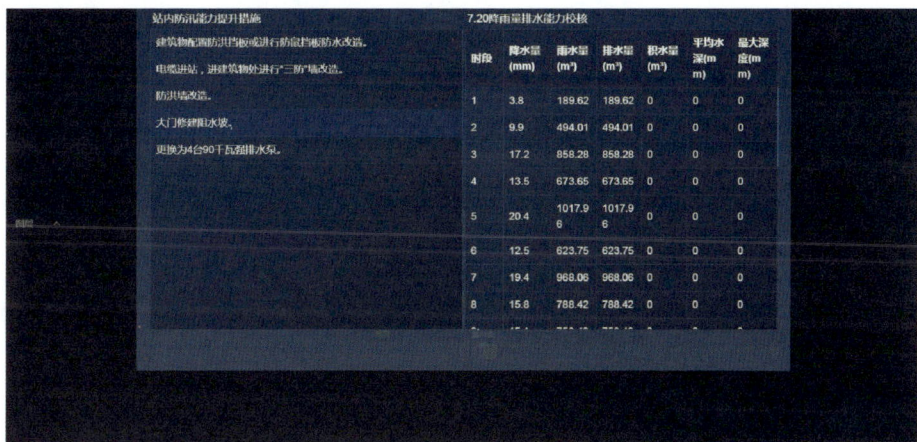

图 5-35　变电站"7·20"降水量排水能力校核数据页面

3. 预测报告

预测报告模块以数据列表的形式直观地展示河南电力气象台近期发布的预测报告情况（见图 5-36）。用户可以通过日期、类型、文件名等条件进行数据检索查询，查询名称为模糊查询，查询日期为数据发布日期。用户点击该行下载按钮，即可将预测报告下载并保存到本地。

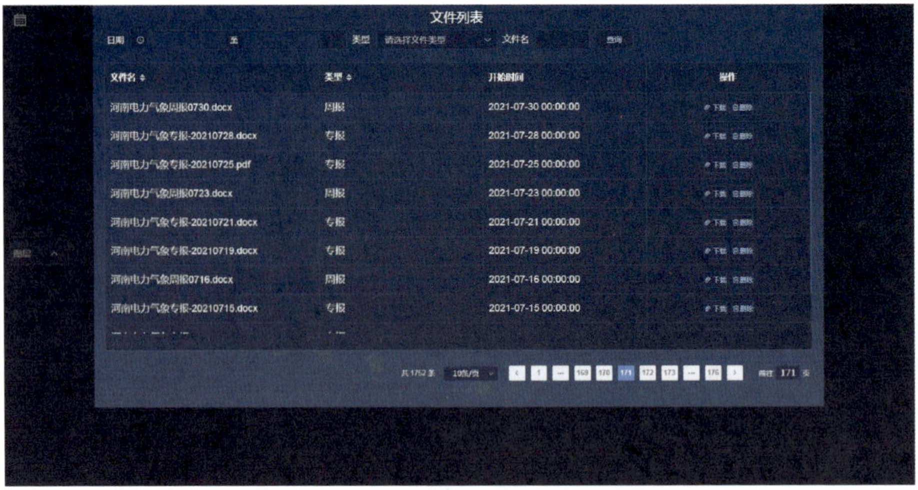

图 5-36　气象预测预报查询页面

5.5.3　典型场景

典型场景模块将对系统运行过程中出现的典型事例进行独立存储和单独展示。目前系统中典型场景包括"2021年郑州'7·20'特大暴雨""2022年4月24日降水"等典型事例。如图 5-37 所示，典型场景模块操作流程与防汛预警模块操作流程一致。

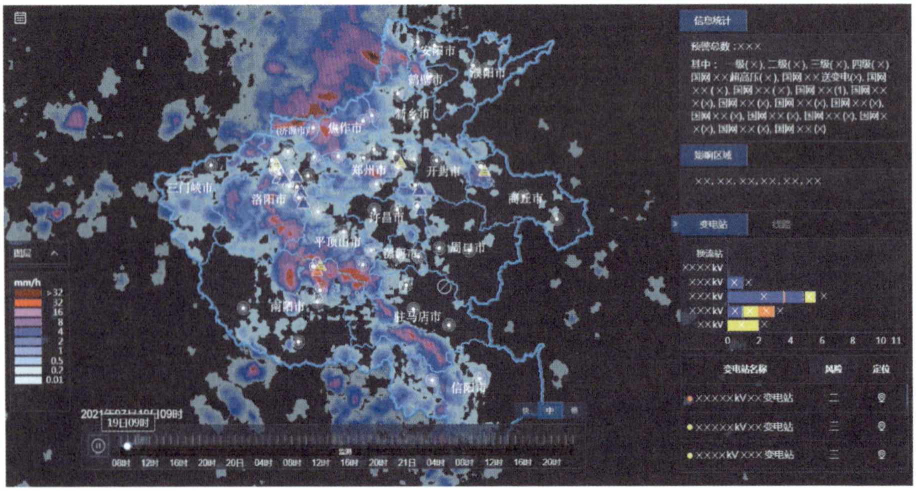

图 5-37　典型场景模块综合信息页面

第6章

变电站防汛应急处置

本章从变电站防汛实际出发，在总结变电站防汛实践经验、教训的基础上，根据变电站防汛管理工作全过程（即汛前准备、应急响应、抢修恢复）中各阶段薄弱环节，提出提升变电站防汛管理工作水平和效率的系列措施。

6.1 汛 前 准 备

6.1.1 开展变电站防汛能力评估

对因汛停运变电站防汛抗灾能力进行专项评估，包括站内外地理信息点云数据采集，站内防汛设备、设施、基础沉降等项目检测，并根据变电站防汛能力提升措施完成情况，开展防汛风险评价和储排水能力校核等。

1. 站内外地理信息采集

利用无人机搭载激光点云雷达，对站内和站外地形进行地理信息采集；通过倾斜摄影数据处理技术，构建变电站周边空三模型和实景三维模型，用于判断站内和站外易积水点；结合降水量实时监测数据、预测预报数据，实现强降水发生过程中和未来 3 天变电站防汛风险预测预警。

2. 站内检测内容

根据防汛抗灾能力专项评估工作需要，主要开展以下项站内检测工作：

（1）开展变电站周边水系、地质结构、土壤类型等地质环境勘查和地理数据采集。

（2）检测防洪墙、防雨罩（破损、渗漏）、雨水管（破损、脱落、堵塞）、屋面和屋内（渗漏水情况）、高支架和抬高设备基础、视频监控系统等。

（3）检测门窗密封情况，检查门窗构造节点做法，必要时检查材料的产品合格证书、性能检测报告、进场验收记录和复验报告、隐蔽工程验收记录及施工记录等。

（4）测量现场坡度、出屋面设施泛水高度、女儿墙泛水高度等。

（5）检查开关柜、电缆等电气设备基座、设备底部结构、允许过水程度；抽测易过水开关柜、电力电缆的绝缘状态和局部放电情况。

（6）勘察设备基础混凝土结构有无严重贯穿性裂缝，与原观测单位数据和实体裂缝变化情况进行对比。

（7）对变电站及其周围进行航拍探测，勘测变电站及周围是否存在危害变电站稳定运行的地质灾害隐患。

（8）检测基准点、工作基点的设置及保护，校核基础沉降监测点设置位置、数量，现场检测基础沉降情况。

3. 变电站防汛能力提升措施

郑州"7·20"特大暴雨灾害后，部分变电站通过改造围墙、增加储排水能力、电缆沟封堵等措施对防汛能力进行提升。防汛能力提升措施共包括以下 19 项。

（1）设置围堰。

（2）围墙改造为防洪墙。

（3）围墙加固。

（4）实体大门且设置不低于 0.8m 高的防洪挡板。

（5）大门口设置阻水坡或截水沟。

（6）所有进站电缆通道均采取可靠的防水封堵。

（7）建筑物一层与室外相通的门窗、通风口、孔洞等处设置防洪挡板及防汛沙袋。

（8）建筑物一层与室外相通的门窗、通风口、孔洞下沿高于室外地坪 0.7m。

（9）站内建筑物门口设施防洪挡板及防汛沙袋。

（10）站内建筑物室内标高大于室外标高 0.6m。

（11）站内建筑物屋顶均无渗漏雨情况。

（12）排水通道均有防倒灌措施。

（13）户外端子箱、机构箱、汇控柜等基础高度高于历史最高内涝水位 0.5m。

（14）采取全部或部分基础抬高措施（优先提高最低的基础）。

（15）对户外箱柜体采取防水材料封堵等有效防水措施。

（16）变电站排水通道畅通或具有强排能力。

（17）变电站排水总流量应不低于历史最强降水量，并配置与主泵相同的备用水泵。

（18）排水泵电源箱专用并具备防洪防雨措施，两路电源分别取自站用电不同母线。

（19）变电站具备水位监测装置并实现信号远传至监控中心或其他远程监视场所。

4. 站内储排水能力校核

通过计算站内储排水能力对变电站防汛抗灾能力进行校核，按照郑州"7·20"特大暴雨的 24 小时降水过程，对各变电站进行内涝情况模拟，计算每小时降水在站内形成的雨水量，根据变电站最大排水能力计算每小时降水后在站内形成的积水量和淹没水深，得到各变电站内雨水量和排水量过程图及站内积水量和淹没水深过程图。

根据内涝模拟结果，得出站内逐时积水量变化及最大积水量和淹没水深等信息，结合站内最大淹没水深，判断站内排水能力提升后，站内积水能否排出，避免发生内涝灾害。典型变电站内积水量和淹没水深过程如图 6-1 所示。

5. 围墙承受站外静水深度校核

经现场勘测调研，变电站围墙改造主要存在三种形式，分别为钢筋混凝土防洪墙、砖混墙和钢筋混凝土防洪墙+砖混墙墙。

（1）钢筋混凝土防洪墙承受静水侧压力计算方法。按照 24 小时累积降水量 600mm 和站外积水深度 1000、1500、2000mm 情况，分别计算站内排水能力和防洪墙承受静水侧压力。水的侧压力是指水在当前高度的压强。水体对容器内部的侧壁和底部都有压强，压强随液体深度增加而增大。液体由内部向各个方向都有压强，压强随深度的增加而增加；在同一深度，液体向各个方向的压强相等。

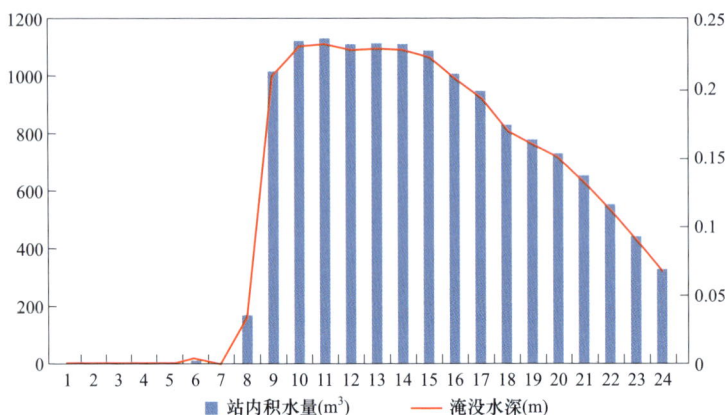

图 6-1 典型变电站内积水量和淹没水深过程图

静水压力计算式为

$$P_{wr} = \gamma_w H \qquad (6-1)$$

式中　P_{wr}——计算点处的静水压力，kN/m^2；

　　　　H——计算点处的作用水头，按计算水位与计算点之间的高差确定，m；

　　　　γ_w——水的重度，kN/m^3，一般采用 $9.81kN/m^3$。

（2）砖混墙承受静水侧压力计算方法。砖混墙挡水高度计算（受弯）公式见表6-1。

表 6-1　　　　　砖混墙挡水高度计算（受弯）计算公式

序号	计算需求	计算公式
1	墙底部所产生的弯矩 M	$M \leqslant f_{tm}W$
2	墙截面抵抗矩 W	$W = qh^2/6$
3	水在砌块墙底部对墙的力 q	$q = 10h$
4	挡水高度 h	$W = bL^2/6$

注　表中公式来源于 GB 50003—2011《砌体结构设计规范》表 5.4.1。

砌块墙挡水高度计算公式见表6−2。

表6−2 砖混墙挡水高度计算公式表

序号	计算需求	计算公式
1	墙底部所产生的水平力 V	$V \leqslant f_v bz$
2	墙截面剪切力臂 z	$z = 2L/3 = 0.16$
3	水对墙底部所产生的水平力 V'	$V' = qh/2$

注 1. b 为单位长度，L 为墙体厚度，h 为挡水高度；

2. 表中公式来源于 GB 50003—2011《砌体结构设计规范》表 5.4.1。

（3）钢筋混凝土防洪墙+砖混墙承受静水深度计算方法。该类型站区围墙为钢筋混凝土防洪墙和砖混墙相结合形成，墙体下部为钢筋混凝土防洪墙，高度在 1~1.5m，上部为砖混墙，高度在 1~1.5m，一般总高度在 2.4m 左右。

按照上述第（1）部分方法能够计算出下部防洪墙承受站外静水深度，按照上述（2）方法能够计算出上部砖混墙承受站外静水深度，两者相加即为钢筋混凝土防洪墙+砖混墙承受静水深度。

6. 防汛风险评价

（1）变电站防汛数据集分析。变电站基础信息是针对该站实际防汛情况衍生的不变的数据，属于静态影响因素；微气象数据是实时变化的外部环境影响因素，属于动态监测数据。对变电站防汛风险等级进行评价所需主要静态数据见表6−3~表6−5。

表6−3 设备设施因素调研表

变电站名称	××变电站	
类型	情况描述	评估结果
站区面积（m²）	××	
电压等级	（1）220kV 以下填 1 （2）220kV 填 2 （3）500kV 填 3 （4）1000kV 填 4	

类型	情况描述	评估结果
变电站站龄	（1）0≤站龄＜5 年填 1 （2）5≤站龄＜10 年填 2 （3）10≤站龄＜20 年填 3 （4）20 年及以上填 4	
蓄滞洪区	（1）在蓄滞洪区内填 1 （2）不在蓄滞洪区内填 2	
历史平均降水量（mm）	变电站所在区域历史年度平均降水量	
年均暴雨频次（d）（日降水≥50mm）	（1）暴雨频次＜1 填 1 （2）1≤暴雨频次＜3 填 2 （3）3≤暴雨频次＜5 填 3 （4）5≤暴雨频次＜10 填 4 （5）暴雨频次＞10 填 5	
值班情况	（1）有人值守填 1 （2）无人值守填 2	
变电站地理形势	（1）站点高于周围地面公路，且有排水沟填 1 （2）站点高于周围地面公路，且无排水沟填 2 （3）站点与周围地面公路等高填 3 （4）站点低于周围地面公路，且有排水沟填 4 （5）站点低于周围地面公路，且无排水沟填 5	
土壤植被	（1）附近有大量植被填 1 （2）附近有适量植被填 2 （3）附近有少量植被填 3 （4）附近无植被填 4	
水文特征	（1）站区 5km 内无河流填 1 （2）站区 5km 内有河流填 2 （3）站区 5km 内有运河填 3 （4）站区 20km 内有湖泊、水库填 4	
自然灾害隐患	（1）处于地质灾害高发区填 1 （2）地质灾害正常区域填 2	
防洪设计标准	（1）10～20 年一遇（35kV≤电压等级≤220kV）填 1 （2）30 年一遇（330、500kV）填 2 （3）50 年一遇（±500、±660、750kV）填 3 （4）100 年一遇（±800、1000kV）填 4	
近 20 年洪涝被淹情况	（1）有填 1 （2）无填 2	
是否载有重要负荷	（1）是（带有政府、医院、防洪闸、牵引站等）填 1 （2）否填 2	

续表

类型	情况描述			评估结果
设备安全水深（cm）	该站点设备安全水深高度			
站点围墙类型	（1）防洪墙填 1 （2）防洪墙 + 砖混填 2 （3）普通砖混墙填 3			
站点围墙参数（cm）	围墙高度值			
	围墙厚度值			
站内储水（m³）	集水井容积			
站内排水方式	（1）自然排水填 1 （2）强制排水填 2			
站内排水泵	排水泵安装方式	数量	单泵排水量 （m³/h）	总排水量 （m³/h）	合计排水量 （m³/h）
	固定式				
	移动式				
	小白龙				

表 6-4　　　　　　　　　　　因素重要程度调研表

变电站静态 防汛等级					例如：① 周围环境简单，变电站设备较为完善/周围环境复杂，变电站设备不太完善：记为 1 ② 周围环境复杂（地势低/有洪涝风险/有泥石流），变电站防汛设备较为完善：记为 2~9 ③ 周围环境简单，变电站防汛设备不完善（物资少/排水差/站围墙抗洪能力弱）：记为 1/2~1/9
周围环境					
变电站情况					
周围环境	地形 地貌	土壤 植被	水文情况	山洪泥石流 隐患	例如：① 地势低，土壤植被少/地势高，土壤植被多：记为 1 ② 地势低注，土壤植被较多：记为 2~9 ③ 地势高，土壤植被较少：记为 1/2~1/9
地形地貌					
土壤植被					
水文情况					
山洪泥石流隐患					
变电站情况	电压 等级	站址 情况	防汛物资储备	站内排水 系统	例如：① 站址情况好（有围墙，防汛能力强），物资储备多/站址情况差，物资储备较少：记为 1 ② 站址情况差（围墙不能抗暴雨），物资储备较多：记为 2~9 ③ 站址情况好，物资储备较少：记为 1/2~1/9
电压等级					
站址情况					
防汛物资储备					
站内排水系统					

表6-5   风险人工评分调研表

各站点防汛风险影响因素人工评级概率表					
一级因素	二级因素	危急	严重	注意	一般
孕灾环境	地形地貌				
	土壤植被				
	水文情况				
	山洪泥石流隐患				
承灾体	电压等级				
	站址情况				
	防汛物资储备				
	站内排水系统				

注　1. 每行值相加需要等于1；
　　2. 示例。①某站点地势低洼，站点排水不完善、物资储备不足在汛情严重时期，危急：0.3、严重：0.3、注意：0.2、一般：0.2。②某站点地势低洼，站点排水设施完善、物资储备充足。在汛情严重时期，危急：0.1、严重：0.1、注意：0.5、一般：0.3。③某站点地势低洼，站点排水设施不完善、物资储备充足。在汛情严重时期，危急：0.2、严重：0.2、注意：0.3、一般：0.3。

（2）基于 LightGBM 的静态数据评估模型。使用基于熵权分配的组合模型对变电站防汛风险进行评价，通过现场调研、地理信息采集和站内检测，研究建立综合气象特征、地理环境、排水方式、储（排）水能力、防汛物资配备、水文信息等因素的变电站防汛风险评价模型，实现对各变电站防汛风险等级划分。防汛风险等级共分为四级，从高到低共分为Ⅰ级、Ⅱ级、Ⅲ级和Ⅳ级。

使用轻量级梯度提升机（Light Gradient Boosting Machine，LightGBM）作为评估变电站防汛风险的子模型。将变电站防汛数据集中静态数据的历史值 $x_i=\{x_{i1},x_{i2},\cdots,x_{iq}\}$ 作为输入特征矩阵，对应的风险能力评估概率值作为输出量 y。由此变电站防汛静态数据可以表示为 $D=\{(x_i,y),i=1,2,\cdots,n\}$。使用 D 中样本依次训练 k 棵回归树，且根据前树的评估效果建立树。其中使用基于直方图的特征离散化降低内存消耗、加快运行速度。待 k 棵回归树全部建成，将其评估值之和作为评估结果进行输出，即

$$\hat{y}_i = \sum_{k}^{K} f_k(\boldsymbol{x}_i) \qquad (6-2)$$

则基于静态数据的 LightGBM 变电站防汛风险评价算法流程如图 6-2 所示。

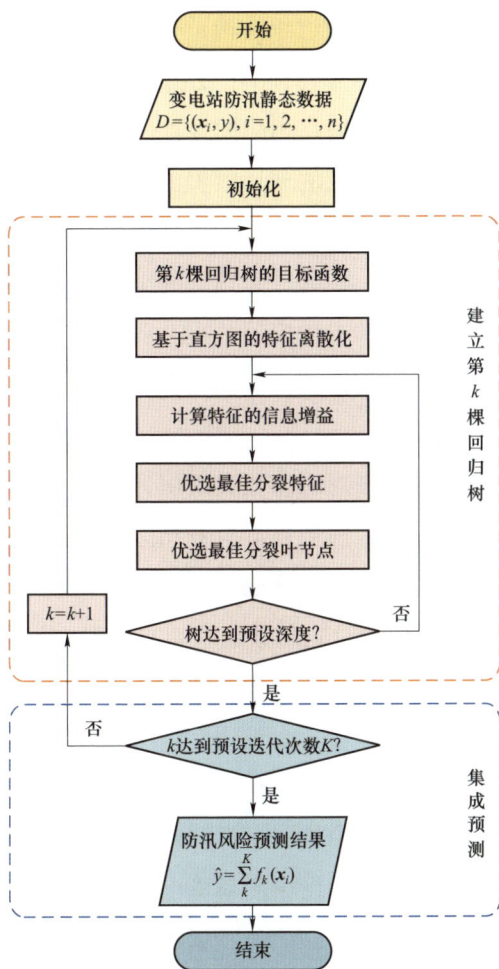

图 6-2　基于静态数据的 LightGBM 变电站防汛风险评价算法流程

6.1.2　完善应急预案

国网河南省电力公司（下称"公司"）应急预案管理工作遵循"综合协调、专业管理、分级负责"的原则，建立"横向到边，纵向到底"的应急预案管理体系，针对各类突发事件，编制相应的应急预案，制定相应流程，明确工作职责和处置措施；依据有关法律法规，按照国网公司、省政府有关部门要求，结合公司应急工作实际，设置总体和专项应急预案，并根据具体情况设现场处置方案。

公司各单位应根据本单位的组织结构、管理模式、生产规模和风险种类等特点，组织编制本单位总体应急预案；公司本部各部门、各单位应当针对可能发生的各类突发事件组织编写相应的专项应急预案，并针对特定的场所、设备设施和岗位，组织编写相应的现场处置方案。在编制应急预案时，应认真做好编制准备工作，全面分析本范围的风险因素和事故隐患，客观评估本单位的应急能力和应急资源，作为应急预案的编制依据。各类应急预案，应保证上下级应急预案、总体和专项应急预案、各相关专项应急预案之间，以及与地方政府应急预案的有效衔接，明确指挥机构职责、信息报告流程和应急救援等内容的衔接要求。

公司按照分级评审的原则对应急预案组织评审；应急预案的发布工作由该预案的评审组织部门负责；应急预案自发布之日起 15 个工作日内进行备案。公司本部各部门、各单位应加强应急预案的培训，并应当结合实际积极开展应急预案的演练；应加强对应急预案的动态管理，根据实际情况的变化，及时评估和改进预案内容，提高应急预案的质量。

防汛应急预案是针对具体设备、设施、场所和环境，在防汛评估的基础上，为降低事故造成的人身、财产与环境损失，就事故发生后的应急救援机构和人员，应急救援的设备、设施、条件和环境，行动的步骤和纲领，控制事故发展的方法和程序等，预先做出的科学而有效的计划和安排。应急预案的全生命周期主要包括四个阶段：应急预案编制、应急预案审批、应急预案使用和应急预案修订。在这个漫长的生命周期中，有很多因素都会影响到应急预案有效性的发挥，规范的编制过程、合理的情景设置、明确的责任主体、充足的应急资源都是为了保证应急预案应急响应措施的有效性。

1. 编制过程的规范性

应急预案编制过程大致可分为前期准备、中期实施和后期完善三个阶段。应急预案编制过程的规范性在很大程度上决定着应急预案的有效性。应急预案编制的前期准备工作将在很大程度上决定应急预案编制过程的长短和应急预案质量的好坏，因此前期准备是不可或缺的。前期准备的主要内容应包括：成立编制小组，确定开展工作的方式与沟通机制；明确应急预案编制的目的与意义；分析应急预案编制过程中可能遇到的困难、挫折与对策；设定编制进度等。该环节应重点考察应急预案编制小组成员的代表性和权威性。中期实施是一个相对漫长的过程，其涵盖的内容较多，主要包括风险分析、确定职责、分析资源、确定响应程序和措施、形成预案等。该环节应重点考察环节的完整性与严谨性以及编制依据的正确性。应急预案编制完成后，需要经过后期完善才能对外发布，主要包括三个步骤：组织评审；根据评审意见进行完善；对外发布。预案的编制程序至少要包括专家评审、征求上下级意见和横向部门意见几个环节。

2. 情景设置的合理性

结合目标对象的防汛的实际，防汛应急预案情景设置主要包括两部分内容，分别为情景规模的合理性和情景影响的全面性。

防汛应急预案情景规模的合理性主要考察应急预案设定的汛情规模与现实防汛形势及自身应急能力的匹配情况；防汛应急预案汛情影响的全面性则重点考察应急预案是否涵盖了汛情可能造成的所有影响和后果。

3. 责任主体的明确性

防汛工作责任主体有效性评估应关注责任主体的三个方面，即责任主体的完整性、职责分配的合理性以及工作机制的完善性。

责任主体的完整性重点考察应急预案是否明确了与防汛工作有关的所有单位或部门；责任分配的合理性重点考察责任划分是否到位，即是否有遗漏、交叉或重叠；工作机制的完善性重点考察应急预案规定的工作机制能否保证防汛工作的顺利开展。

4. 资源保障的充分性

从执行的角度来看，应急预案应对应急资源作出三方面的规定，即应急资源的储备、应急资源的调配和应急资源的快速补充。资源储备是应急准备阶段的主要任务；资源调配是应急响应阶段的主要任务；资源补充既可以发生在响应阶段，也可以发生在准备阶段，任务是补充那些消耗的和新需求的资源。

资源调配的及时性评估应着重考察资源调配的流程和资源追踪。资源调配的目标是快速、准确，因此防汛应急资源调配流程应兼具清晰性和规范性。此外，经济性也是衡量应急效率的重要指标，要完善资源跟踪的相关制度和责任，保证资源的恰当使用。

资源不足在防汛工作中司空见惯，一方面是准备不充分，一方面是需求的不确定性。资源不足就要及时补充，以免延误最佳救援时机。资源补充的途径主要有紧急采购、租赁、协议借用、动员和征用等。其中，资源动员时必须说明资源的详细信息，以免征集到资源因不对路而无法使用；采用征用手段时，必须要向对方说明补偿规定。

5. 响应措施的有效性

防汛应急措施的有效性在很大程度上决定着整个应急预案有效性的发挥。应急预案响应措施有效性的问题归结为响应措施的有无和是否管用。因此，防汛应急预案响应措施的有效性可以通过两个方面来综合考察，即响应措施的完整性和响应措施的合理性。

"完整的应急预案"可以有很多种解释。从管理角度来看，应急预案的完整是指形式的完整；根据实践来解释，则是内容要素、应急任务的完整。完整的应急预案是开展应急预案培训和演练的基础，更是应对突发事件的基本要求。防汛应急预案响应措施的完整是指，应急预案应涵盖从应急准备直至应急结束应采取的基本措施。措施完整性是指防汛应急预案所指定的措施的完整程度，包括措施及其内容要素的完整性。

响应措施合理性可以理解为，在应急实践中各项措施要客观、适度、合乎理性。换句话说，就是在应急实践中应客观分析突发事件发展的规律，结合自身的实际情况采取适当的措施完成应急的准备、监测预警、应急响应、后期处置与调查总结工作。措施合理等于使用者能够看懂要做什么，找得到怎么做，包括什么时候做、用什么资源、怎么获得资源等信息。

6.1.3 规范应急体系

依据应急预案，结合实际，规范本单位防汛抢修组织、天气预警监测、防汛值班、信息报送、防汛物资管理等各类工作流程，明确职责和标准。

1. 应急组织体系

（1）公司层面防汛力量。按照《国网河南省电力公司突发事件总体应急预案》中关于应急处置指挥机构的要求，成立防汛事件专项处置领导小组（以下简称"专项处置领导小组"）作为公司防汛事件处置的指挥机构。组长由公司董事长担任，常务副组长由分管安全生产副总经理担任，成员由财务部、安监部、设备部、建设部、营销部、物资部、外联部、后勤部、调控中心、配网办、特高压部、集管办主要负责人组成；专项处置领导小组根据事件进展情况，必要时成立现场工作组，组织相关部门成员及应急专家参与处置工作。专项处置领导小组履行接受国网公司、河南省政府相关指挥机构的领导，统一指挥公司防汛应急事件处置应对工作；组织各成员部门开展电网恢复、设备抢修、供用电服务、物资保障、通信保障、新闻舆情、安全监督和保卫、后勤保障等专项工作，组织开展应急处置；宣布公司启动、调整和终止事件预警和响应；负责公司防汛应急事件处置工作向上级单位和河南省政府相关职能部门提出援助申请；决定披露防汛应急事件相关信息等职责。

专项处置领导小组下设专项处置领导小组办公室（以下简称"专项处置办公室"），办公室主任由设备部主要负责人担任，成员由专项处置领导小组成员部门相关人员组成。各单位根据本单位防汛应急预案成立洪涝灾害事件应急处置机构，成员参照公司相应机构确定，成员名单和通信联系方式上报公司。专项处置办公室履行落实专项处置领导小组部署的各项任务，会同相关部门开展防汛应急事件风险监测，及时提出预警和响应的发布、调整、终止建议；收集并汇总防汛应急事件信息，协调信息报告工作；组织公司各专业部门、应急专家组开展应对工作；根据专项处置领导小组应急指令，做好应急物资、应急队伍等应急资源的调拨工作；做好防汛应急事件相关信息报告以及与政府相关职能部门联动工作；及时与重要用户沟通，交换信息，实现联动处置，支援用户应急供电；组织正确引导舆情并及时对外披露相关信息等职责。

国网河南省电力公司各单位应急指挥机构参照上述原则设置，指挥机构根据各单位实际自行设置，负责职责范围内的应急处置工作。

（2）分部层面防汛力量。部主任，汛期统筹分部防汛整体工作；抢险期间担任现场指挥。分部副主任，在汛前组织修编现场处置方案，指导开展应急演练，安排物资补充及设施整修；监督汛期班组对各类预警、响应发布命令措施的执行；抢险期间指挥运维专业开展设备停电、抢险及送电。班站长，汛前组织本站防汛设施、物资排查；负责物资补充及设施整修的现场闭环；汛期按照要求组织班组落实各项预警响应措施；抢险期间服从现场指挥要求，组织班组开展设备特巡、抢险送电及防汛抢险信息的收集上报。值班长，汛前按照求开展排查；汛中带领本值执行各类响应措施；抢险期间负责执行特巡、联系调度、负责操作、参与抢险。班组成员，汛前按值班长要求开展排查；汛中在值班长安排下执行各类响应措施；抢险期间按值班长要求开展特巡、参与操作及抢险。

（3）社会层面防汛力量。社会层面的防汛力量主要包括分部外聘物业公司、框架设施单位、站区所在地区村委会、街道办事处、市防汛应急管理中心等。其主要负责的工作有：对站外排水沟进行检查、疏通工作；接到公司防汛应急Ⅱ级响应命令要求后，分部防汛专责联系物业负责人，安排分部物业服务人员6人和保安4人驻站；装填防汛沙袋，并按要求摆放在指定位置；站内如出现少量积水时且水位有上升趋势时，由防汛专责联系框架设施单位负责人，安排应急抢险人员20人驻站应急及1辆钩机进行驻站，准备1000条沙袋应急备用根据汛情发展情况，在站内外摆放围堰；站内积水持续增加时，分部副主任可与所在地村委联系，请求组织10人规模的应急队伍待命；与街道办事处书记联系，请求组织30人规模的应急队伍待命，视汛情发展情况，随时到站支援；根据汛情发展情况，安排4名人员在站外东、西、南、北四条道路上观察站外水势，每半小时报告一次；安排2名物业服务人员提前将2卷防雨布准备好随时对室内二次设备进行防雨处理；降雨停止后，对站内电缆沟进行抽水、通风散潮；防汛设施回收。

2. 天气预警监测

（1）强化气象预测分析。《河南电力气象周报》每周五中午编制，并面向河南电网发布，对未来7天的天气状况进行预测，并对可能受到影响的电网设备、设施进行预判；《河南电力气象专报》是在重要天气过程、节假日及重要保电活动之前编制并面向河南电网发布，对未来一段时间的天气过程进行预测，对可能受到影响的电网设备、设施进行预判，并有针对性地提出生产建议；《河南电力气象台简报、快报》是在重要天气过程发生过程中，安排专业人员开展 24 小时值班，逐 2 小时发布，通报过去 2 小时天气实况和未来 2 小时天气预测情况；重要天气过程发生过程中，河南电力气象系统综合气象实况监测数据、预测数据和电网设备、设施信息，自动发布"预警短信"。

（2）建设河南电力气象系统（防汛）、掌上电力气象 App。2021 年国网河南省电力公司以"挂图作战"理念为指导，按照"电力气象要为河南公司防汛工作提供精细化支撑"的具体要求，河南电科院对现有数据、技术、服务模式进行全面整合，完成"河南电力气象系统"防汛业务模块开发。河南电力气象系统（防汛）以气象预测信息和防汛重点设备设施信息为基础，结合首批 500kV 变电站气象监测装置数据，进一步提升精细化分析预警监测能力，推动气象信息预报向设备综合风险预警转变；以气象预测、实况监测数据为基础，以防汛重点设备、设施为对象，充分发挥"河南电力气象台"技术平台优势，进一步提高监测预警的前瞻性、及时性、精准度。将河南省暴雨频次分布情况、地质灾害风险等级分布情况与易遭水淹、冲击变电站和线路杆塔信息结合，依托气象预测和实况监测数据，实现防汛重点设施、设备的汛情的实时监测。同时接入 37 座 500kV 变电站站内微气象监测数据，结合 9km×9km 数值预报、雷达监测数据，实现 500kV 变电站汛情实况监测、强降水过程预测、短时强对流精准预警，进一步提升防汛工作精益化管理水平。

启动防汛管理移动终端（App）V1.0 首批试用，开展班组强化培训，培训过程中引导班组使用预警任务、应急措施等应用，并收集使用问题、应用建议，对 App 业务进行迭代完善；继续开展 App（V2.0）业务设计工作，收集使用问题、应用建议，对 App 业务进行迭代完善，结合一站一策，自动评估变电站风险状况，生成站内物资、人员救援方案和变电站附近可调度人员、物资数据，第一时间提供管理层掌握可调度资源信息，实现汛中有序应对。

（3）加强与气象部门会商。重要天气过程来临之前，与中央气象台、河南省气象局开展强降雨过程会商，共同研判降雨过程发展趋势、短时局地大风等级，以及对河南电网的影响，及时获取最新的气象预测预警信息，为河南电网的安全稳定运行提供信息支撑。国网河南省电力公司与省气象局签订战略合作协议，持续健全"长期—中长期—短期—临近"相结合的电力气象预测预警机制，省公司与河南省气象局进定期行降雨过程会商，强化气象预测分析，进一步提高监测预警的前瞻性、及时性、精准度。

3. 防汛值班、值守

（1）年度防汛值班。为全面做好年度防汛值班工作，国网河南省电力公司全面开展公司防汛值班工作。防汛值班工作要求如下：

1）严肃值班纪律。各单位领导和相关人员要严格履行带班、值班职责，防汛值班期间要坚守岗位，认真执行值班要求，对所属单位值班工作加强管理和督导检查，确保各级人员到岗到位，开展好值班工作。公司本部将随机抽查，对不符合要求的单位，在公司系统进行通报。

2）及时报告信息。每天做好值班记录，密切关注天气和雨水工情发展变化，发生重大事件、突发险情、灾情，第一时间通过电话上报防汛办，并填写值班快报发送防汛办邮箱，信息报送要求及时、准确，对迟报、瞒报、漏报的进行通报批评，造成重大损失、影响的，将严肃追究相关单位和人员的责任。

3）做好值班统筹。防汛期间，电网运行、设备管理、供电服务、网络安全、舆情值班等专业要做好值班工作协调统筹和信息共享。

4）做好值班保障。各单位做好值班工作疫情防控和值班人员的后勤保障，确保值班工作顺利开展。

（2）行政、防汛联合值班。实行办公室与设备部负责人双带班制度，办公室、设备部每周分别安排一名部门负责人24小时电话带班，具体组织协调行政值班、防汛值班相关工作；安监部、设备部、建设部、营销部、物资部、宣传部、后勤部、调控中心、配网办、特高压部、产业管理公司等11个防汛成员部门，每天安排1名人员24小时轮班值守。同时，对行政、防汛联合值班提出严守值班纪律、及时报告信息、做好值班统筹和保障等工作要求。

（3）迎峰度夏安全生产值班。迎峰度夏值班期间，各部门职责分工如下：

1）公司办公室负责统筹各相关专业值班，负责行政值班归口管理和指导督导，组织协调"大值班"模式下的技术、后勤等支撑保障。

2）公司安监部负责度夏应急值班归口管理和指导督导，组织好各级应急值班场所的技术支撑保障。

3）公司设备部负责度夏防汛抗旱值班归口管理和指导督导，督导落实公司迎峰度夏、防汛抗旱及重大活动保电等工作方案，组织指导本专业值班工作。

4）公司相关专业部门负责本专业应急值班及突发事件处置的归口管理。按照公司迎峰度夏、防汛抗旱、优质服务、新闻舆情、重大活动保电等方案要求，组织指导、督导落实本专业值班工作。

迎峰度夏值班期间，优化值班安排，实行公司领导、部门主任双带班制、专业部门 24 小时在应急指挥中心值守，并统筹年度行政值班轮值安排；严格值班工作要求，统一值班人员在岗要求、值班信息报送模板、重大事项处置流程、对外信息报送流程等；严肃值班工作纪律。

4. 信息报告

（1）信息报告程序。各成员部门负责收集整理的专业信息，核实后汇总至防汛办公室；防汛办公室汇总信息后向公司防汛工作领导小组汇报，必要时汇报公司应急领导小组，经批准后作为唯一对外发布信息，防汛办公室组织对外发布工作。专项处置办公室根据事件发展态势和专项处置领导小组要求，统一组织相关部门开展信息收集、报送工作；设备部负责及时联系沟通国网公司、省政府防汛事件应急指挥机构，报告事件信息；应急办负责向上级单位和政府应急办报送信息。各单位发布预警通知或响应命令后，应将预警通知单或响应命令单，同时抄送公司应急办和相关职能部门。预警期和响应期内，事发单位定时向公司防汛办公室报告事件信息。

（2）报告内容。预警期内：包括突发事件可能发生的时间、地点、性质、影响范围、趋势预测和已采取的措施及效果等。

响应期内：包括突发事件发生的时间、地点、性质、影响范围、严重程度、已采取的措施及效果等，并根据事态发展和处置情况及时续报动态信息。

（3）报告要求。各单位向公司和当地政府及相关部门汇报信息，必须做到数据源唯一、数据准确、及时。公司防汛办公室向国网公司、省政府有关部门报告前，须经公司防汛工作领导小组或应急领导小组审核批准，并按有关规定执行。

特别重大及重大的洪涝灾害发生 15 分钟内，事发单位应向公司防汛办公室作事件即时报告，报告方式可采用电话、短信、传真等方式；1 小时内，书面上报事件详细信息。应急响应期间和黄色预警、橙色预警、红色预警期间，执行每天两次定时报告制度；蓝色预警期间，执行每天一次定时报告制度；如有临时要求，则按要求报送信息。各单位启动预警或响应、但公司本部未启动者，由相关单位向公司设备部汇报专业信息，向公司应急办汇报综合信息。

（4）对外信息发布。公司防汛办公室负责组织外联部等部门开展突发事件对外信息发布和舆论引导工作。对外信息发布和舆论引导工作应及时主动、正确引导、严格把关；对外信息发布内容须经公司防汛工作领导小组授权。外联部应组织开展舆论监测，汇集有关信息，跟踪、研判社会舆论，及时确定应对策略，开展舆论引导工作；对外信息发布的内容主要包括防汛事件的基本情况、公司采取的应急措施、取得的进展、存在的困难以及下一步工作打算等信息；对外信息发布的渠道可包括公司网站、官方微博、官方微信公众号、当地主流媒体、新闻发布会、95598 电话告知、短信群发、电话录音告知等形式。

5. 防汛物资管理

明确防汛物资管理各部门的职责分工。

（1）物资供应部。实时维护豫中、豫南、豫北三个应急库应急物资信息，组织做好三个应急仓库应急物资的日常维护保养，保证应急物资质量完好，随时可用。根据省公司指令完成应急物资调拨出库、采购入库。组织应急物资的报废鉴定，发起报废审批手续。与第三方物流公司签订协议，确保应急物资能够及时配送到应急现场。

（2）物资调配中心。在应急状态下或重大保电任务时，物资调配中心成为应急物资保障指挥中心，迅速启动应急物资保障预案，实行 24 小时值班制度，统一指挥各业务协同运作，各专业部门严格按照调配业务指令开展相关工作，全力保障物资供应。

（3）物资采购部。依据国网河南省电力公司下达的紧急采购指令，组织应急物资紧急采购。

（4）合同管理部。负责应急物资紧急采购的合同签订及结算工作。

6.1.4　强化应急保障

1. 配足抢险力量

国网河南省电力公司（下称"公司"）设备部应建立健全应急抢修队伍，加强应急抢修队伍、应急专家队伍、应急救援基干分队的建设和管理，做到专业齐全、人员精干、装备精良、反应快速，并逐步建立社会应急抢修资源协作机制，持续提高防汛事件应急处置能力。

（1）应急抢修队伍。为进一步落实国网公司关于建设"召之即来，来之能战，战之能胜"应急抢修队伍的要求，有效开展对公司及社会有重大影响的各类突发事件的应急救援工作，减少事故灾害造成的损失，维护公司良好社会形象，同时配合做好河南省区域的应急救援协调联动机制工作，公司重新组建应急抢修队伍。抢修队伍分为省级抢修队伍和地市级别抢修队伍，其中，省级抢修队伍主要由省检修公司和送变电公司输变电专业人员构成；地市级别抢修队伍主要由各地市公司输、变、配专业人员构成。

应急抢修队伍在公司的统一指挥和协调下，应急队伍管理实行统一调配与分级管理相结合的原则，以实现应急资源的有效利用。其主要职责为，公司负责贯彻落实国网公司应急队伍建设与管理的标准和制度，并制定相应的实施细则和工作计划；负责指挥协调公司范围内跨地市应急处置；根据应急处置需要对片区内应急队伍进行统一调配（包括跨区域调配地市应急队伍）；负责对公司和地市供电公司应急队伍进行定期检查和考核，并接受国网公司总部的应急调度和指挥；各地市供电公司（省检及送变电）负责本单位管辖范围内应急队伍的建设和管理，负责指挥协调本单位内部应急处置，并接受公司的应急调度和指挥，完成应急处置任务。

（2）应急基干分队。公司应急救援基干分队按照国网公司《应急救援基干分队管理规定》组建并管理，队员由省检修公司、送变电公司、郑州公司及信通公司等四家单位优秀一线人员组成，全部为非脱产性质，人员随岗位变动适时调整。为进一步加强基干分队管理，明晰工作职责，有效提升基干分队在紧急情况下的响应速度和战斗能力，确保基干分队在关键时期能够拉得出、顶得上。参照军队组织架构，细化基干分队管理架构，将队伍按照队员所属单位分为四个分队，分队内部根据人员情况设置若干班组。

公司加强对基干队伍的管理，规范基干分队救援响应流程，加强基干分队疫情常态化防控期间的后勤保障工作。在突发事件应急状态下，基干分队队员时刻处于备战状态，各单位不得安排其他工作；在基干分队调派命令有效期内，基干队员管理权由其所在单位暂时移交至基干分队，基干队员只接收基干分队各级长官指令并对其负责。

（3）应急管理专家库。为推动公司应急管理工作的有序开展，加强对各类突发事件的预防和处置，及时、准确地为应急管理工作提供决策咨询服务，完善决策机制，不断提高突发事件科学应对水平，根据《中华人民共和国突发事件应对法》和《国家突发公共事件总体应急预案》要求，结合各级单位应急管理工作实际，经相关各部门及各单位推荐，广泛征求广大干部、员工的意见和建议，公司研究决定建立应急管理专家库，并确定了专家库成员，涵盖应急管理、设备管理、项目安全、供电服务、电网运行、舆情控制等六大类多个专业领域。各单位可在应急预案编制、评审、演练等工作环节寻求专家的指导和咨询，在事故、灾害应急救援处置等方面寻求专家技术支持，充分依靠专家力量，积极推动应急管理工作的深入开展。

2. 加强防汛物资管理

公司要求专人负责开展防汛物资检查，健全完善变电站防汛物资台账，及时检查补充更新防汛物资，确保防汛物资齐备充足，管理规范。

（1）防汛物资预警管理

1）预警准备。接到总部或公司发布的预警信息后，公司物资保障工作进入预警状态，重点开展以下各项工作：① 根据预警情况，应急物资保障指挥中心在公司范围内启动 24 小时应急值班的准备工作；② 应急物资保障指挥中心组织做好应急物资保障工作动员准备工作；③ 预警区域在本省时，物资供应部配合公司物资部迅速组织预警市公司及邻近市公司开展仓储物资普查工作，更新动态周转物资信息；④ 物资供应部提前做好函调供应商库存情况的准备工作，与承运商进行联系确认，做好紧急运输准备；⑤ 物资供应部组织开展公司应急储备仓库应急抢险工具的检查和保养工作。

2）预警行动。一级（红色）、二级（橙色）预警行动，应急物资保障指挥中心启动 24 小时应急物资保障值班和日报告制度；收集信息，做好内部信息汇总和报告，对于总部组织的预警行动，按照要求及时向总部汇报。三级（黄色）、四级（蓝色）预警行动，物资调配中心密切关注事态，收集信息，做好内部信息汇总和报告，物资供应部配合公司物资部督促有关市县公司做好应急物资保障队伍待命和应急保障准备工作等。

3）预警调整和解除。根据事态发展，物资调配中心落实总部或公司应急办提出的预警调整或解除建议，并及时通报至相关市县公司物资部门。

（2）防汛物资应急响应管理。

1）应急需求受理。应急物资保障指挥中心受理公司和市公司的应急物资需求，启动应急物资需求及调拨信息日报告，跟踪应急物资匹配、调拨、运输、采购流程。事发地在本省时，库存物资应在接到调配指令后 1 小时之内发货出库；实施紧急采购物资，应在 12 小时内落实供货方和到货时间；需公司协调跨市调配物资，应在 10 小时内落实并完成调配出库。事发地在其他省份时，按照总部要求做好本省库存物资情况的汇总报告，在接到总部物资调拨指令后的 24 小时内完成物资调配出库。

2）应急物资的匹配与调拨。物资供应部接收应急物资保障指挥中心指令，平衡全省范围内库存物资信息，按照"先近后远、先利库后采购"以及"先实物、再协议、后采购"的原则进行应急物资匹配。需要办理资产转移手续的，在应急物资配送完成后，由需求单位物资部门和原库存物资资产所属单位物资部门共同完成资产转移手续。

3）紧急采购。如以上方式均无法匹配到所需物资，物资调配中心应及时将情况报公司物资部，由公司物资部组织开展紧急采购。应急物资采购包括招标和非招标两种采购方式。应急实物储备和协议储备物资原则上采取招标方式。应急处置过程中，当储备物资不能满足需要时，可以采取非招标的紧急采购方式。根据抢险需要，紧急采购可以按照国家有关规定采取非招标采购方式，公司物资部按要求向总部物资部提出紧急采购申请，经总部物资部计划处批复后，自行组织紧急采购。对于公司自行紧急采购、跨省应急物资调拨均不能满足需要的情况，提请总部物资部统一组织采购或由总部委托相关单位进行紧急采购。物资采购部在接到公司物资部下达的紧急采购指令后，应依据公司物资部指定的采购方式，立即组织应急物资的紧急采购。合同管理部负责与供应商补签合同并及时进行结算。

4）应急物资的运输。① 应急物资运输，如匹配到的仓库实物库存能够满足应急事件需要，物资供应部应及时联系第三方物流公司开展应急物资运输，协调各仓库做好应急物资出库准备，将所需物资及时运至需求现场；② 协议库存运输，如省内各级仓库未匹配到应急事件所需物资，物资调配中心应在协议库存范围内开展应急物资匹配，及时协调供应商将物资运送至需求现场；③ 跨省运输，如上述两种方式均未匹配上，物资调配中心应及时将所需应急物资报国网物资调配中心在全国范围内开展应急物资匹配，由国网物资调配中心协调相关省份将应急物资运送至需求现场。

5）应急物资相关手续。如果应急物资属于抢险借用物资，物资供应部应督促各仓库完善借用物资出库手续，在应急物资归还后完善归还手续；如果应急物资属于调拨物资，物资调配中心应督促各相关部门完善相应手续；如果应急物资属于销售方式调拨，物资调配中心应配合各调出方做好相关手续。

6）一级（红色）、二级（橙色）响应措施。公司落实领导小组决策部署，加入公司工作组赶赴现场，指导、协调、督促应急物资保障工作；公司启动24小时应急值班，建立信息日报告制度，开展物资需求信息收集、汇总工作，及时向有关领导汇报；快速响应总部和省应急指挥中心应急物资需求指令，以及市公司上报的应急物资采购申请、应急物资需求；根据受影响地区严重程度，适时派遣应急物资保障工作人员，协助开展应急物资保障工作；应急物资保障指挥中心组织实施跨市的应急抢险工器具和物资调配，落实开展总部的跨省应急抢险工器具和物资调配等。

7）三级（黄色）、四级（蓝色）响应措施。落实领导小组决策部署，加入公司工作组赶赴现场，指导、协调事发单位应急物资保障工作；快速响应省应急指挥中心应急物资需求指令以及市公司上报的应急物资采购申请、应急物资需求；组织实施跨市应急抢险工器具和物资调配。

8）响应结束。根据省领导小组办公室的响应结束通报，组织公司各部门对响应情况进行后续评估和总结。

3. 提升装备配置

防汛重点变电站、偏远山区变电站所属运维班应配置满足防汛要求的车辆和通信设备，确保防汛期间有足够的通信及通勤能力。汛期来临前一周内，所有防汛设备、设施、物资必须全部到位，封堵及排水设施处于待用状态，确保第一时间快速启用。

（1）电网防汛物资分类。电网防汛物资是指为防范暴雨、洪涝、台风等自然灾害造成电网停电、变电站停运，满足应急响应恢复供电需要而储备的物资。结合电网防汛工作实际，按照防汛物资功能用途将电网防汛物资主要分为七类：交通工具、排水物资、照明工具、挡水物资、通信工具、个人装备、辅助物资。

1）交通工具：指具备涉水能力的车辆及船舶，用于载人及物资进入洪区进行灾情查勘、汛情处置等工作，有效保障人员安全，包括水陆两栖车、冲锋舟、橡皮艇及其相关配件等。

2）排水物资：指能将影响电气设备安全的积水排出场地的装备，包括抽水车、便携式潜水泵、抽水机及其相关配件等。抽水车具备机动性和一定的排水效率，用于可能出现突发大规模水淹的地区；便携式潜水泵主要用于变电、配电站房及电缆沟道紧急临时排水；抽水机主要考虑在站所失电情况下的排水需求，需自带动力。

3）照明工具：指用于防汛应急场所的各类照明设备，包括移动照明车、移动升降照明设备、防水手电、头灯等。移动照明工程车具备机动性和照明能力，用于紧急支援突发事件；移动升降照明设备用于大型抢修或保电现场，具备较大的照明范围和较高的亮度，考虑现场环境恶劣，照明设备应自带电源；头灯、手电、小型照明灯具用于个人照明或小型防汛工作现场使用。

4）挡水物资：指将外部来水阻挡在电气设备所在场地之外，或对重要设备进行遮盖防止进水的物品，包括防水挡板、防汛沙袋（吸水膨胀袋）、防雨布等。防水挡板用于封堵站所及站所内建筑大门；防汛沙袋可单独使用或与防水挡板配合使用，可采取吸水膨胀袋代替；防雨布主要用于杆塔基础防护。

5）通信工具：指防汛工作中用于信息沟通的器材，主要包括对讲机、卫星电话等。

6）个人装备：指防汛工作中保障人员安全的用品，包括雨靴、雨衣、连衣雨裤、救生衣等。

7）辅助物资：指防汛工作中可能使用到的其他装备及物资，包括发电机、电源盘、铁铲、水桶等。

（2）防汛物资配备原则。国网河南省电力公司经营区域内防汛工作地域差异性大，不同地域对防汛物资配置不宜统一，依据区域水文气象条件、台风登陆等情况，各省（市）公司可划分为五个防汛层级区域：Ⅰ类地区（年平均降水量大于1000mm且直接受台风登陆影响的地区）；Ⅱ类地区（年平均降水量大于1000mm且受台风影响的地区）；Ⅲ类地区（年平均降水量在700至1000mm的地区）；Ⅳ类地区（年平均降水量在500至700mm的地区）；Ⅴ类地区（年平均降水量在500mm以下的地区）。

防汛物资配置按照"分级储备、差异配置、满足急需"的原则，适应专业化、标准化要求，注重先进性、实用性和经济性有机结合，满足日常工作与汛情紧急处置的需求，促进防汛工作效率与质量的提升。

"分级储备"主要考虑各单位不同层级对防汛物资配置需求的差异，在满足需求的基础上，避免重复配置。

"差异配置"主要考虑各单位在地理环境、气候特点、设备规模、人员数量等多方面存在较大差异，特别是省公司内的不同地市公司之间、变电站之间对防汛物资的需求不同，宜实施差异化配置。

"满足急需"主要考虑满足防汛日常工作的使用需求，各单位应根据实际情况选用标准，并根据电网、环境、技术的变化补充更新各类防汛物资。

4. 强化培训演练

汛前要完成运维及应急人员防汛设备操作培训，重点做好排水方舱、冲锋舟、橡皮艇等设备的操作培训，组织运维、检修和抢修人员开展防汛应急演练，细化人员具体责任、应答机制、行动措施，提升防汛应急处置能力。

国网河南电力公司及所属各单位开展分级别、分区域、分类型的应急演练，尤其针对公网通信瘫痪下灾损信息统计、重要用户地下配电室水淹抢修等极端场景，将分级预警、响应处置、队伍调度、物资保障及信息报送等实战流程演练纯熟。同时将电力抢险纳入政府防汛演练体系，积极参与政府综合演练，通过预演查漏补缺、改进预案、锻炼队伍、提升能力。入汛前完成应急演练，并将演练方案、总结报送上一级安监部门。

（1）结合现场情况有针对性地制订防汛结合和演练。为做好各电网设施在汛期期间可能发生的暴雨、洪涝等自然灾害的防范与处置工作，使电网设施在暴雨、洪涝等灾害发生时处于可防可控的状态，确保防洪防汛工作高效有序进行，要求结合设备、设施实际情况，有针对性地制订防汛结合和演练。要求各单位每年度至少开展一次防汛演练，达到人员熟悉防汛预案，并满足预案适应变电站汛情实际，取得实际练兵的良好效果。

（2）安排人员到位开展防汛演练。防汛演练内容要明确演练时间、演练地点、演练天气。演习参加人员应尽量包括单位各类人员，演练要具体写明背景及演习过程，有条不紊安排人员到位开展防汛演练。

（3）演练过程中全员熟悉防汛相关器具使用方法。防汛演练不仅帮助各单位全员熟悉防汛期间的应急处置流程，同时要求全员在演习过程中按照模拟场景需要，穿戴好雨衣胶鞋等并能正确规范操作防汛相关器具，如防汛水泵车、防汛沙袋、防汛铁锹等，切实防范和有效处置洪涝灾害对变电站电力设施造成的严重影响。

6.2　应　急　响　应

6.2.1　强化政企协同

加强与属地政府沟通，国网河南电力公司在市防指联合值班，对接沟通险情和抢险进度信息，及时掌握雨情、汛情、道路交通情况，积极协调政府资源为电力抢险提供信息支撑、工作便利，协调消防、城建等单位大型泵车、涉水卡车等特种装备支援抢修复电;与区县、街道办事处等各级政府建立防汛战时"一对一"联动机制,统筹协调各方资源,与小区物业、办事处在地下站房排水清淤、外地支援队伍入郑、后勤保障等方面协同作战。

公司主动与地方应急、气象、水利、自然资源等政府部门联系,安排专人参与应急值班,安排专人进驻水利厅、自然资源厅 24 小时值班,实时掌握气象、汛情、地质灾害预警等动态信息,共享汛情灾情信息,共获得发布水库泄洪、启用蓄滞洪区等各类预警信息 32 条次,提前做好应对准备,避免紧急泄洪对电力设施造成重大影响,为保障电网安全运行及提升电网抵御自然灾害的能力赢得时间。建立救援联动机制,协调抢修车辆顺利进入河南,快速到达抢修现场;协调地方消防专业队伍对被水淹地下开关站、配电室、电缆隧道等进开展抽排水工作,提高抢修工作效率。建立油电联动机制,促请政府协调成立油品保供工作组,协调中石油、中石化公司直接将油品送至应急发电车、大功率水泵等抢修作业保供电现场,为抢修工作提供充足的燃油保障。加强与政府规划部门对接,促请政府合理规划变电站、电力廊道等电力设施布局,预留符合电力安全运行标准的站址用地。将变电站纳入城市重要防汛设施管理范围,源头提升规划工作防汛质效。以郑州为试点,推动供电网格与政府各级行政网格匹配统一,建立区供电公司同所在区政府、街道办事处和居委会专人联络机制,确保供电服务信息由"客户经理—社区、城区供电所—街道办、城区供电公司—区政府—市政府、城区供电公司—市供电公司—省公司"传递的链条统一,提升日常服务能力和应急处突能力。

6.2.2　优化指挥体系

成立相应组织机构,统筹协调组织,落实处置方案。现场成立管理、技术、执行三级应急保障体系,确保"资源协调、技术分析、作业实施"三到位。现场作业细分细分现场抢修组、物资装备组、车辆保障组、安全监督组等工作组,确保职责分工明确,队伍组织高效。

按照《国网河南省电力公司突发事件总体应急预案》中关于应急指挥机构的要求,国网河南省电力公司成立防汛工作领导小组作为公司防汛事件应急的指挥机构,防汛领导小组下设防汛工作领导小组办公室。防汛工作领导小组和防汛工作领导小组办公室组成及其职能详见第 6.1.3 节相关内容。

6.2.3　畅通沟通渠道

建立每 2 小时信息滚动更新机制，利用在线编辑软件实时掌握各支抢修队伍和发电车工作状态，精准开展信息统计、驻点协调。

密切跟踪复电情况，为统筹调配抢修和发电资源提供支撑，及时研判设备运行风险和作业风险，指挥抢险抢修工作有序、安全开展。

做好站区后台、监控信号分析研判，既为抢修消除提供第一手资料，也指导设备异常、故障处理。

6.2.4　保障物资供应

建立物资供应协调机制，实现物资需求、采购配送、统一调度、接收反馈等闭环管控。做好电源、通信类物资保障，确保信息指挥通畅，注重与中石油、中石化等能源供应联系，确保发电车油料充足、补充及时。按照"提前预估、分类管理、全网联动、统一调配"的原则，组建网省市三级"1+7"工作组，建立应急物资保障体系，实现物资需求、调拨、采购、配送全业务同平台运作。通过供应链运营平台（ESC）"一本账"模块，实时查询公司物资库、专业仓、供应商库存品类、数量和位置状态，掌握供应商产能储备情况，组织国网公司下属 26 家省公司、177 家供应商建立"郑州仓库—省内仓库—全网仓库—供应商仓库"联动机制，形成省内、跨省、供应商"三张资源表"，按照"先郑州再省内后全网"由近及远原则，统筹实物库存、协议库存、电商平台、供应商库存资源，开展物资需求逐级匹配，最大限度保证资源充足。

配足雨衣雨鞋、携带式照明、反光背心等个人装备，统筹调拨使用柴油加热烘干、应急照明、检修试验等检修抢修工器具，保障单间隔狭小空间冲洗、烘干设备电源（清洗烘干工作可使用干燥空气发生器）。

6.2.5　确保安全管控

坚持"抢险不冒险"，应急抢修抢险作业要提级管控，做好现场勘察和异动管理，认真落实防触电、防溺水、防雷击、防窒息、防反送电等安全措施，严防次生问题发生，杜绝出现"小现场、大事故"。一是设监护人员。抢修过程中，应增加专职安全监护人员，做好抢险现场勘察、设备状态评估，并参与抢修方案制订、审查。站内抢修涉及多专业交叉作业，要设置专人协调，确保现场组织有序。二是防电气伤害。对于全站停电，须断开所有电源，进站抢修电源一定检查加装三级漏电保护器，严格落实工作范围内必须有肉眼可见工作接地的要求，防止产生反送电或漏电风险。三是防机械伤害。强化抢修设施巡视和检测，做好房屋漏雨、沉陷沉降安全防护，尤其是做好防止大型车辆、装备进场后地基塌陷、机械伤害等次生问题，必要时提前内部探伤，做到心中有数。四是防病疫伤害。做好地下站房及电缆井有毒有害气体检测，定期开展抢修现场消杀，过水后遗留淤泥可能存在大量细菌，建议排水后立即进行一次整站消杀，抢修期间定期进行整站消杀（可一天一次）。严格后勤食品安全供应，防止人员食物中毒。

6.3　抢　修　恢　复

6.3.1　变电设备防汛应急抢修标准流程

按照安全第一、统筹协调、积极应对的原则，结合变电站受灾情况分类制订"疏堵结合"应对策略，提出变电站受灾恢复供电工作标准，有序恢复变电站供电。针对洪水冲击严重、可能淹没、已经受淹停电的变电站，分类采取设置站外围堰、站门封堵、站内沙袋、增大排水能力、开设排水孔等措施，因地制宜采取以上措施。对洪水暂时无法退去、不具备抢修条件的变电站，调用移动变电站替代，快速实现恢复供电。具体工作要求如下。

1. 即时抢险

在安全的前提下，排水完毕后，即时开展检查，1 小时内一次设备、端子箱、汇控柜、二次设备等外观检查完毕，提报检查结果；根据检查结果，一次设备正常、二次设备未涉水的应在 1 天内尽快恢复送电；二次设备涉水可修复的，应加大人力、物力，采取烘干、绝缘检查等手段同步进行，1 天内检查完毕，力争 2 天内处理完毕，3 天内恢复送电；一、二次设备涉水严重导致损坏的，确认无法及时修复的，应在 1 天内上报结果，多方联系相关厂家尽快供货。

2. 主动避险

要充分发挥变电站视频监控的作用，加大无人值守变电站远程巡视力度，发生变电站水浸后，要立即组织人员赶赴现场，查看水情。对于因道路受阻无法赶赴现场的，可通过视频远程评估设备运行风险，重点观测高度较低（如端子箱、主变风冷控制箱等）等运行设备的水浸风险，若危及运行安全，应通知调度远程停运变电站相应设备。

3. 规范抢险

变电站抢险工作，要按要求办理工作票或应急抢修单，使用应急抢修单时要按照"简流程，不减安措"的原则，规范设置各类安全措施，严禁违章指挥、无票作业、野蛮作业。

4. 有序抢险

抢险人员到达现场后，要首先开展现场风险评估，重点关注低压漏电、不接地高压设备接地等风险，风险评估完成前不能进入变电站，严防人身触电。在确认没有触电风险后，应第一时间检查地势及安装位置较低的带电运行设备，若发现水位快速上升，危及人身及电网安全时，要立即通知调度及有关领导，及时停运相关设备的一、二次电源，紧急停运避险。若水位稳定或缓慢上升，不存在带电设备水浸风险时，应按照"开通（曾破）排水通道—防水封堵—增加强排"的顺序，采取措施加快站内积水排出工作。过程中要时刻监测站内、外水位变化、站外来水和河道泄洪等信息，必要时立即停运避险、撤离人员。

5. 仔细抢险

对全站水浸设备进行排查，检查端子箱、机构箱、保护屏封堵情况，对破损的修补，清理脏物淤泥，清扫完毕后，打开主控室内各屏柜、设备区端子箱、开关柜等柜门通风，并使用热风枪对电缆头进行烘干处理，使用柴油热风机对保护屏柜、开关柜底部受潮部位进行烘干处理。使用绝缘电阻表对站内交、直流电源屏各馈线支路进行绝缘测试，测试合格后合上各保护屏、开关柜内交、直流空开。完成后台电脑文件备份后，恢复各保护装置与后台通信，将各间隔保护及测控装置上电，恢复远动及后台通信后完成各间隔开关整组及遥控试验。

6. 有序复电

主动停运避险的变电站，应在站内地面积水全部排空，站外积水倒灌风险全部消除，站内水浸设备检修（或更换）完毕且试验正常后，方可复电。

7. 强化巡检

变电站复电后，按相关规程要求开展设备特巡、特护及带电检测工作，发现设备异常的及时处置。

6.3.2　设备抢修具体实践

1. 设备清洗处理

针对电气设备外绝缘可进行带电水冲洗，针对端子箱、汇控箱等二次回路可使用高分子、干冰等冲洗；清洗附着在设备、元器件上的淤泥等杂质时，对于可拆卸设备，应拆卸设备面板清洗内部附着淤泥，重点对设备绝缘部件进行清洗，恢复设备绝缘水平。

2. 设备干燥处理

开展受潮设备烘干处理，针对不同温度等级绝缘材料，应使用带可控温度的烘干设备进行处理。针对端子箱、汇控柜等进水箱体，需对二次回路及端子排进行热风烘干及绝缘检测，烘干时需注意出风口与设备保持距离，防止损坏回路绝缘。设备烘干时，应在设备附近选择通风位置布置烘干机，烘干机旁应配置灭火器；设备烘干过程中，应定时检查烘干机的电源、运行状态、设备温度以及室内的气体含量、排风系统等情况，确认无异常后调整烘干机的角度及位置，确保设备各部位均匀烘干。针对动力电缆控制电缆进行烘干，可抽取部分电缆进行烘干，烘干后应进行绝缘检查，如不合格应考虑更换全站电缆，如合格（未长时间浸泡在水中的电缆，烘干后绝缘受损通常较轻）则可对所有电缆开展烘干测绝缘工作。

3. 开展高压试验与复电

针对一次设备和二次回路绝缘测试等开展高压试验，若试验过程中发现设备确发生不可逆的损伤，影响送电，应及时申请变更抢修方案，更换新设备。因涉及设备损坏，建议以来电侧检修为主的非常规操作方式提前考虑安措及运维操作票，简化安措设置，提高抢修效率。10kV 出线恢复时需充分考虑用户侧倒送的可能，开展绝缘试验时需充分考虑与配网专业的交叉面。针对闸刀机构箱进水，建议采用临时手动操作方式快速复电，待二次电缆处理好后再申请停电接线调试；针对端子箱进水，建议对箱体进行清淤后整体更换端子排，有利于后期二次电缆运行可靠性。变电站灾后恢复运行初期应恢复有人值守，对重点设备和场所做好运行监视。要及时开展动力电缆等一、二次设备投运后红外测温工作，确保能够第一时间发现设备缺陷隐患、并及时处理突发状况；对于负荷转移车、移动变电站等紧急复电场景，建议移动变尽量采用软连接，在地质不确定的情况下，适当保留一定裕度，同时应设置围栏，安排人员 24 小时值守。必要时可将进线直接跳接主变高压侧，结合主变差动保护配置远跳功能，远跳线路对侧开关保证主变主保护不失去，实现设备"先复电后抢修"。

4. 规范抢修流程

抢修过程中应注意防范二次回路（端子排、控制回路等）交直流混接或交直流接地风险。应确认无触电风险后方可开展抽水作业，抽水过程中合理配置污水泵和发电机，发电机应接地良好，抽水全程应安排人员值守。对于一次设备，先用手提式鼓风机吹除设备上较大水分，再用吸水性布料擦拭设备上剩余残留水分；对于二次设备，先用空气压缩机气枪吹除设备内接缝处及二次端子上较难擦拭位置的水分，再用吸水性布料蘸上无水酒精进行整体擦拭。清淤时应先清理地面淤泥，再清理设备淤泥，过程中注意不得损伤电气设备、电缆及绝缘附件等。要及时检查蓄电池组浸水损伤等情况，必要时做好蓄电池组备品供货。